Wilfried Hoppe · Andreas Keil · Katja Makowka
Wolfgang Schneider · Friedrich Schulte-Derne
Burkhard Wetterau

Das Ruhrgebiet im Strukturwandel

westermann

Titelfoto: Halde Rungenberg, Gelsenkirchen (Claudia Dreysse, Dortmund)

Westermann Schroedel Diesterweg
Schöningh Winklers GmbH, Braunschweig
www.westermann.de

Zweite, aktualisierte und neu bearbeitete Auflage 2016

Druck B[1] / Jahr 2016

Alle Drucke der Serie B sind im Unterricht parallel verwendbar.

Redaktion: Thilo Girndt
Umschlaggestaltung: Thomas Schröder
Druck und Bindung: westermann druck GmbH, Braunschweig

ISBN 978-3-14-**151054**-6

Inhalt

Zur Einführung

Der Kohlenbergbau und die Eisen- und Stahlproduktion machten das Ruhrgebiet zu *dem* industriellen Ballungsraum Europas. Nach wie vor wird das Image des Ruhrgebiets stark von der ehemals dominierenden und später krisengeschüttelten Montanindustrie geprägt. Doch der seit Jahrzehnten stattfindende Strukturwandel, der wirtschaftliche, soziale und ökologische Dimensionen umfasst, tritt nun immer deutlicher in den Vordergrund. Damit bleibt das Ruhrgebiet für regionalgeographische Betrachtungen, die sich mit Dynamiken in altindustrialisierten Räumen oder dem zyklischen Bedeutungswandel von Regionen beschäftigen, von besonderem Interesse.

Neue Raumwahrnehmungen lenken den Blick auf umgenutzte und attraktiv gewordene Monumente der montanindustriellen Vergangenheit wie die Zeche Zollverein oder die brachliegenden Industrieanlage im Landschaftspark Duisburg-Nord und eine damit verbundene Kulturökonomie und Freizeitindustrie. Weiterhin spielt das Ruhrgebiet seine spezifischen Standortvorteile in der wirtschaftlichen Neuausrichtung auf besondere Kompetenzfelder wie zum Beispiel Logistik, Materialwirtschaft, Energiewirtschaft und Energietechnologien, Gesundheits- und Seniorenwirtschaft aus. Gleichzeitig sind im Ruhrgebiet neue Wirtschaftscluster der Zukunftsbranchen IT, Biotechnologie und Mikrosystemtechnik entstanden. Die traditionsreichen Großunternehmen haben sich umstrukturiert und widmen sich als national oder gar global agierende Akteure innovativen Wirtschaftsfeldern. In den Kontexten von Innovation und neuer Wettbewerbsfähigkeit ist auch die Neupositionierung des Ruhrgebiets zur Metropole Ruhr zu sehen.

Dieses Buch stellt – fußend auf den naturräumlichen Rahmenbedingungen und knapper retrospektiver Betrachtungen zum Wirtschafts- und Siedlungsraum – schwerpunktmäßig solche neueren Entwicklungen in den Mittelpunkt. Es behandelt die das Ruhrgebiet derzeit auszeichnenden Dynamiken, aber auch übergreifende gesellschaftliche Problemfelder. So haben der demographische Wandel im Ruhrgebiet oder die Integration der Bevölkerung mit Migrationshintergrund eine besondere Dimension.

Hat der Strukturwandel im Ruhrgebiet bereits zu einer natur- und kulturräumlichen Vitalisierung führen können? Dieser Frage wird facettenreich anhand von konkreten Raumbeispielen nachgegangen. Die Orientierung an veranschaulichenden Fallbeispielen, ein vielfältiges Materialangebot, die Abhandlung weitgehend abgeschlossener Unterthemen auf Doppelseiten sowie die Ausweisung von Aufgabenstellungen mit klaren Operatoren sollen eine schüler- und kompetenzenorientierte Erschließung des Ruhrgebiets im Geographieunterricht der Sekundarstufe II und erste regionalgeographische Studien zum Ruhrgebiet ermöglichen.

Für diverse Ratschläge und Materialien sei an dieser Stelle dem Regionalverband Ruhr ausdrücklich gedankt.

1 Das Ruhrgebiet – ein Raum?

„Bergbau, Thyssen und Currywurst" oder „Technologiepark, CentrO und Industriekultur" – viele verbinden mit dem Ruhrgebiet etwas anderes. Doch ganz unabhängig vom „alten" oder „neuen" Image des Ballungsraums zwischen Duisburg und Hamm ist es gar nicht so einfach, das Ruhrgebiet räumlich abzugrenzen. So ist es vor allem die geschichtliche Entwicklung des Wirtschaftsraums und weniger die Einheit von Naturraum oder Verwaltung, die aus dem Ruhrgebiet eine definierbare Region macht.

1.1 Das Image des Ruhrgebiets

Auch wenn 2018 die allerletzte Steinkohlenzeche schließt, das Bild der schmutzigen, malochenden Industrieregion haftet wie Kohlenstaub am Ruhrpott, der bereits seit Jahrzehnten am Strukturwandel arbeitet. Fast genauso lange versucht das Ruhrgebiet das alte Image loszuwerden und sich als moderner und grüner Dienstleistungs- und Wissenschaftsstandort mit besonderem Flair zu präsentieren.

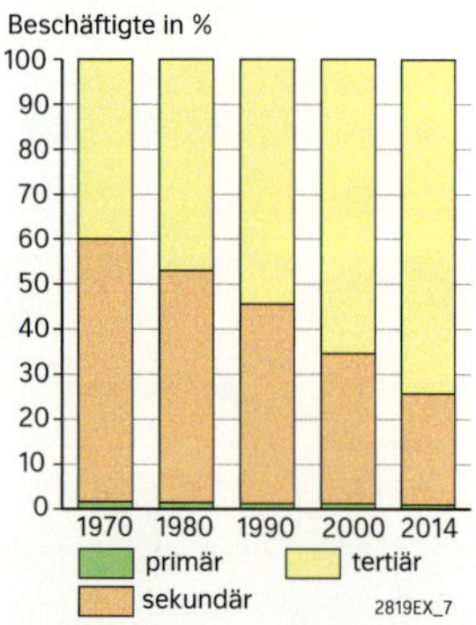

M 1: *Beschäftigte nach Wirtschaftssektoren im Ruhrgebiet*

Laut einer bundesweiten Umfrage 2012 antworteten 34 Prozent der Bundesbürger auf die Frage, was ihnen zum Ruhrgebiet spontan einfiele: Kohle. Das war die Top-Antwort, gefolgt von „Industrie" (17 %), „hohe Bevölkerungsdichte" (15 %) und „Umweltverschmutzung" (11%). Das alte Bild von Zechen und malochenden Kumpels hält sich hartnäckig in den Köpfen außerhalb des Ruhrgebiets. Befeuert wurde und wird dies häufig durch eine mediale Aufbereitung (etwa in Fernsehkrimis), die immer noch die Bilder eines industriell geprägten, mit geringem Wohn- und Freizeitwert ausgestatteten Raum reproduziert. Das Image wandelt sich noch langsamer als die Wirklichkeit. Kohlenförderung, Eisen- und Stahlproduktion machten das Ruhrgebiet zwischen 1850 und 1970 zu dem industriellen Ballungsraum Europas. Seither vollzieht die Region einen massiven Strukturwandel. Heute wird Eisen und Stahl nur noch an ausgewählten Orten der Region produziert. Das Ruhrgebiet hat sich zu einer vielfältig geprägten Dienstleistungs- und Industrieregion gewandelt, die ihre monostrukturelle montanindustrielle Vergangenheit Jahrzehnte hinter sich hat. „Hochschulen statt Hochöfen" ist die Devise der politisch Verantwortlichen.

Was stört da eigentlich das überholte Schmuddelimage, könnte man fragen. Störend ist daran, dass Wirtschaftsregionen wie das Ruhrgebiet in einem nationalen und internationalen Wettbewerb mit anderen Regionen stehen – um Investitionen und vor allem auch um Menschen. Nur wenn das Leben in einer Region attraktiv erscheint, können Arbeitskräfte gehalten und angelockt werden. Ein gutes Image ist somit von großer Bedeutung. Dementsprechend versuchen heute alle Regionen durch ein entsprechendes Marketing (Branding) diesen weichen Standortfaktor zu stärken.

M 2: *Auch die Medien stabilisierten das „Ruhrgebiets-Image": Tatort-Kommissar Horst Schimanski am Duisburger Hafen*

M 3: *Anzeigenmotiv der ersten Image-Kampagne „Ein starkes Stück Deutschland" des KVR ab 1985*

M 4: *Typische Assoziationen zum „alten" Ruhrgebiet*

So wurden auch im Ruhrgebiet regionale Akteure wie der „Regionalverband Ruhr" (RVR), die Wirtschaftsförderung „metropoleruhr" (wmr), der Verein „pro Ruhrgebiet", der „Initiativkreis Ruhr" sowie die Städte der Region aktiv. Mit aufwändigen Imagekampagnen wie „Das Ruhrgebiet. – Ein starkes Stück Deutschland" oder „Der Pott kocht" sollte ein neues Image kreiert werden, das den seit Jahrzehnten stattfindenden strukturellen Wandel und das neue Erscheinungsbild des modernen Ruhrgebiets bekannter machen. Sogar ein neuer Name soll den Wandel kennzeichnen: statt Ruhrgebiet wird auch offiziell die Bezeichnung Metropole Ruhr benutzt.

Das Herausstellen, dass man eine wissensbasierte moderne Dienstleistungs- und Industrieregion ist, reicht heute allerdings kaum mehr aus, um sich von anderen Regionen abzuheben. Die Etablierung und Verbreitung von Images ist schwierig, da sich postmoderne Regionen mit ihren Ausstattungen so ähnlich geworden sind. Es bedarf eines markanten Alleinstellungsmerkmals. So verwundert es nicht, dass das Ruhrgebiet im nationalen und internationalen „Image-Wettbewerb" vor allem mit drei Dingen punkten will: Kultur, Natur und der museal aufbereiteten industriellen Vergangenheit, in der Kultur und Natur stattfinden. Mit der Internationalen Bauausstellung Emscher Park (IBA Emscher Park, vgl. 6.5) wurden die brach liegenden alten Standorte der Industrie zu Standorten der Industriekultur. Die Beispiele Welterbe Zollverein in Essen-Katernberg, Landschaftspark Duisburg-Nord in Duisburg-Meiderich oder das Projekt „RUHR.2010 – Kulturhauptstadt Europas" sind Beweis dafür, dass diese Strategie erfolgreich war. Die neuen Sehenswürdigkeiten und Veranstaltungen haben die Region zu einem beliebten Ziel für Kurzreisende und Städtetouristen gemacht. Und deren Staunen über das neue Ruhrgebiet („Ich hätte nicht gedacht, dass es hier so grün ist!") ändert das Ruhrgebietsbild vielleicht schneller und dauerhafter als manche Imagekampagne.

RUHR.2010 Kulturhauptstadt Europas

M 5: *RUHR.2010 – Kulturhauptstadt Europas*

Unter 16 deutschen Städten setzte sich Essen stellvertretend für das Ruhrgebiet beim Wettbewerb um den Titel Kulturhauptstadt Europas mit dem Motto „Wandel durch Kultur – Kultur durch Wandel" durch. Mit zahlreichen Projekten und Veranstaltungen präsentierte sich die Region ein Jahr lang als „kultureller Mittelpunkt in Europa".

1. *Beschreiben Sie das Ruhrgebiet aus Ihrer Sicht als eine Region, die …*
2. *Analysieren Sie Folgen des Außenimages für die Region Ruhrgebiet.*
3. *Entwickeln Sie Strategien zur Veränderung des Außenimages des Ruhrgebiets.*

M 6: *Gewünschte Assoziationen zur „neuen" Metropole Ruhr*

1.2 Das Ruhrgebiet – auch ein Naturraum?

Im Grunde führt das Ruhrgebiet einen falschen Namen, denn das Ruhrgebiet lässt sich keineswegs „hydrologisch“ über den Verlauf oder das Einzugsgebiet der Ruhr abgrenzen. Dennoch war die Naturraumausstattung des Einzugsgebiets der Ruhr für die Inwertsetzung des Ruhrgebiets entscheidend verantwortlich. Heute wäre die Bezeichnung Rhein-Ruhr-Emscher-Lippe-Gebiet zutreffender.

Die Ruhr weist von den Quellarmen nördlich von Winterberg im Hochsauerland bis zur Mündung in den Rhein bei Duisburg-Ruhrort eine knapp 220 km lange Fließstrecke auf. Ihr Einzugsgebiet erstreckt sich über ausgedehnte Mittelgebirgs- und nur kleinräumige Flachlandbereiche. Insofern ist eine Schiffbarkeit für größere Schiffe lediglich über 42 Kilometer von der Mündung in den Rhein bis Mülheim gegeben. Das Ruhrtal ist heute vor allem ein idyllischer Naherholungsraum (M 1). Weder die heutige wasserwirtschaftliche Bedeutung der Ruhr noch die Wirtschaftsstärke im Ruhrtal lassen erkennen, warum der größte Ballungsraum Europas die Bezeichnung Ruhrgebiet trägt.

M 1: *Ruhrtal-Idylle: Das Tal der Ruhr bei Hattingen*

Nur aus einer Betrachtung, die die Naturraumpotenziale und die Wirtschaftshistorie verknüpft, wird die Bezeichnung Ruhrgebiet verständlich. Tatsächlich hatten die Ruhr und das Ruhrtal in den Phasen erster bergbaulicher Aktivitäten und der montanindustriellen Inwertsetzung eine deutlich höhere Bedeutung als die heute das Ruhrgebiet prägende Hellweg-, Emscher- und Lippezone. Erstmals offiziell wurde der Begriff Ruhrgebiet im Friedensvertrag von Versailles 1919 erwähnt. In ihm wurde der dicht besiedelte und von Bergbau und eisenschaffender Industrie geprägte Kulturraum im Bereich der mittleren und unteren Ruhr bis Duisburg als Ruhrgebiet bezeichnet (M 2).

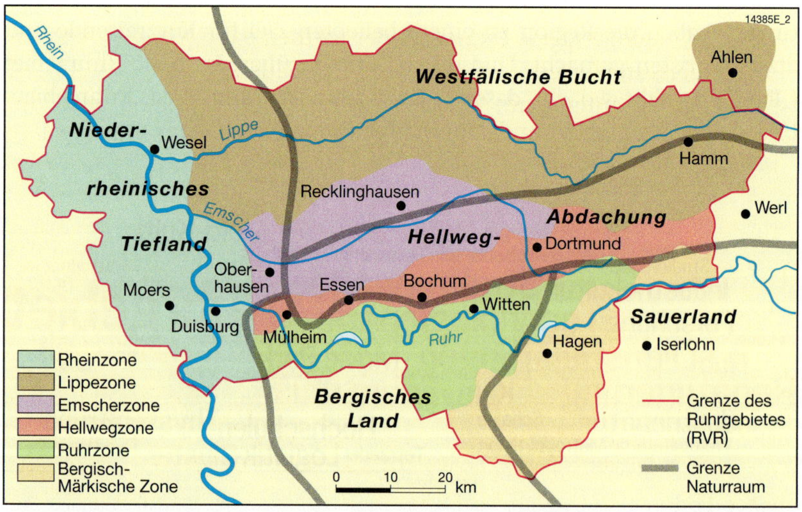

M 2: *Naturräumliche Lage des Ruhrgebiets*

M 3: *Am Hang des Ruhrtales aufgeschlossenes Steinkohlen-Flöz, eingebettet in Sedimentgesteine des Oberkarbons*

Vom Tal der Ruhr nahm der Kohlenabbau im Ruhrgebiet seinen Ausgang. Ein Abbau von Kohle war hier im Gegensatz zu den anderen Teilregionen des Ruhrgebiets schon früh möglich, da die Kohlenflöze enthaltenden Schichten sehr oberflächennah lagern. Erstmals urkundlich wurde 1129 für das Ruhrtal eine Kohlengräberei von unmittelbar an der Erdoberfläche lagernden Kohlenflözen erwähnt. Wahrscheinlich wurden aber schon im römischen Xanten die Bäder mit Steinkohle aus dem Ruhrtal beheizt. Auf jeden Fall wurde seit dem frühen Mittelalter beidseits der Ruhr aus wenige Meter tiefen trichterförmigen Gruben, den Pingen, Steinkohle für den Hausbrand mit Hacke und Schaufel abgebaut. Ab dem 16. Jahrhundert trieb man auch leicht ansteigende Stollen in Berghänge des Ruhrtales vor, um an Kohlenflöze zu gelangen. Die Kohle wurde zu dieser Zeit bereits für Feuer der Schmiedeesse (althochdtsch. für Feuerstelle, daher auch Esskohle) genutzt. Um 1790 gab es schätzungsweise 900 solcher Kleinzechen an der Ruhr.

Die Steinkohlenlagerstätten des Ruhrgebiets bildeten sich im Erdaltertum – genauer in den Teilepochen des jüngeren Oberkarbons vor circa 317 bis 305 Millionen Jahren – in einem großen, langsam absinkenden Becken im nördlichen Vorland des damals existierenden variskischen Faltengebirges. In diese große Senke wurden durch Flüsse und nach Überflutungen durch Meere Ablagerungen bis zu einer Mächtigkeit von insgesamt 4200 m eingetragen. Immer wieder wurden dabei Pflanzen küstennaher Meeressümpfe verschüttet, sodass durch Sauerstoffabschluss, hohen Druck durch die auflagernde Sedimentlast und hohe Temperaturen (Temperaturzunahme mit zunehmender Tiefe im Oberkarbon +1° C/15m) eine Inkohlung ausgelöst wurde. Insofern enthalten die Sedimentablagerungen aus der Zeit des Oberkarbons circa 300 Kohlenflöze, von denen 150 Flöze allerdings eine Mächtigkeit von weniger als 30 cm aufweisen. Addiert man alle Kohlenflöze, die in der Senke im Raum des Ruhrgebiets entstanden, kommt man auf eine Kohlenmächtigkeit von etwa 135 Metern.

Die in das Becken eingebrachten Sedimente samt der dazwischen liegenden Kohlenflöze (M3) wurden noch in Gebirgsbildungsprozesse einbezogen, die vor 340 Millionen Jahren begannen und vor 295 Millionen Jahren endeten. Hierdurch erhielten die ursprünglich horizontal abgelagerten Schichten eine nach Norden gerichtete fallende Neigung (ca. 6°). Auch bildeten sich Sättel und Mulden (nach oben bzw. unten gewölbte

Flöz

Bergmännische Bezeichnung für eine sedimentär entstandene Schicht nutzbarer Minerale oder Kohle

Ruhrpott

Die Bezeichnungen „Pütt" (lat. puteus = Grube, Brunnen) für Zeche bzw. die Benennung „Ruhrpott" sind auf den Kohlenabbau in Gruben zurückzuführen.

Inkohlung

in Zeiträumen von Jahrmillionen ablaufende Umwandlung von pflanzlichen Stoffen in Kohle unter Sauerstoffabschluss, hohem Druck und hoher Temperatur. Dabei nimmt der Anteil an Wasser ab und der relative Anteil an Kohlenstoff zu.

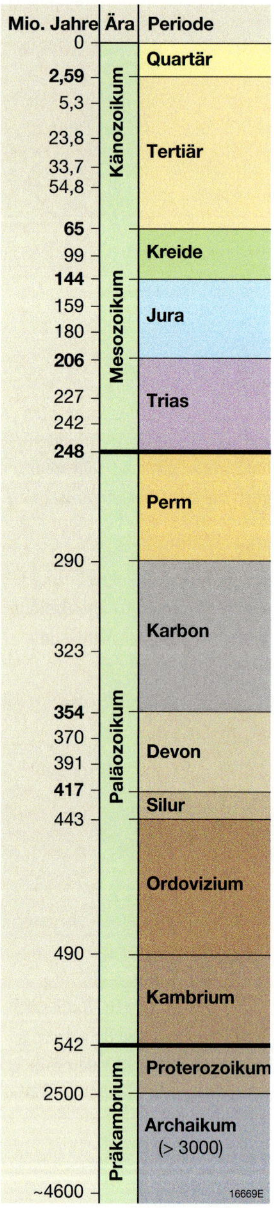

M 1: *Einteilung der Erdgeschichte*

Gesteinsfalten) aus (M2). Sie wurden vielerorts durch Verwerfungen versetzt, sodass gleich alte Schichten, also auch gleich alte Steinkohlenflöze, an diesen Verwerfungen um teilweise Hunderte von Höhenmetern auseinander klaffen. Besonders die Gesteinspakete im südlichen Teil des heutigen Ruhrgebiets wurden durch die Gebirgsbildung stark aufgefaltet, während weiter nördlich im weiterhin absinkenden Becken nach wie vor Sedimente eingespült und abgelagert wurden. Insofern finden sich am südlichen Ruhrgebietsrand (Ruhrtal) die geologisch ältesten Kohlenablagerungen aufgeschlossen an der Oberfläche, während weiter nach Norden diese älteren flözführenden Gesteinspakete von jüngeren kohlenführenden Schichten des Oberkarbons überlagert sind. Letztere wurden dann noch vor allem im Mesozoikum durch mächtige, nicht kohlenführende Sedimente des so genannten Deckgebirges verschüttet. Die Mächtigkeit dieses Deckgebirges schwillt von Süden nach Norden – entsprechend der Senkungstendenz des Beckens – auf circa 400 m im mittleren Ruhrgebiet an und erreicht jenseits der Lippe-Mulde schließlich mehr als 1 100 m.

Noch im Erdaltertum (Perm) wurde das variskische Gebirge durch Erosion vollständig eingeebnet. Am Ende des Tertiärs wurde der Gebirgsrumpf aber wieder herausgehoben. Es bildete sich das Rheinische Schiefergebirge mit den Mittelgebirgslandschaften zum Beispiel des Sauerlandes, des Bergischen Landes, des Siegerlandes und der Eifel. Auch die flözführenden Sedimentpakete des Oberkarbon wurden wiederum von der Gebirgsbildung in Mitleidenschaft gezogen. Dies war besonders im südlichen Teil des Ruhrgebiets der Fall, mit der Folge, dass hier die Gesteinsfalten, die Sättel und Mulden sehr schnell aufeinander folgen, die Flöze oberflächennah anstehen und die Neigung einzelner Flöze sehr hoch sein kann. Zum Teil stehen die Flöze sogar nahezu senkrecht.

Im Gegensatz zu der oberflächennah abbaubaren Steinkohle im Ruhrtal wurde ein Abbau von Steinkohle, die unter dem Deckgebirge lagert, technisch erst im 19. Jahrhundert möglich. Ab Ende der 1830er-Jahre gelang es, durch Tiefbauschächte die überlagernden Schichten zu durchörtern (bergm. für „einen Schacht durch Gesteinsschichten vortreiben"). Auch konnte erst nach Erfindung der Dampfmaschine das zuströmende Grundwasser und austretendes Grubengas aus tiefabgeteuften Schächten abgepumpt und abgeleitet werden. Erst etwa 1840 erreichte ein im großen Maßstab betriebener Steinkohlenabbau die Hellwegzone. Ab 1865 wurden in der Emscherzone Tiefbauschächte errichtet und gegen Ende des 19. Jahrhunderts war die Bergbautechnik soweit fortgeschritten, dass über mehr als 1 000 m in die Tiefe führende Schächte die Flöze der Lippezone abgebaut werden konnten (M4). Heute kann die Kohle aus bis zu 1 500 Metern

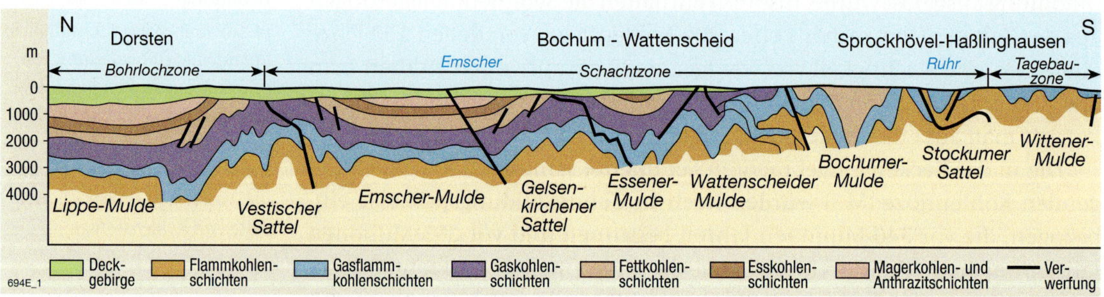

M 2: *Profil durch die geologische Schichtenfolge*

Kohlenarten	Flüchtige Bestandteile (in %)	Verwendung
Flammkohle	40 bis 43	in Kraftwerken und als Beimischung zur Kokskohle in Kokereien
Gasflammkohle	35 bis 40	
Gaskohle	28 bis 35	
Fettkohle	19 bis 28	als Kokskohle
Esskohle	14 bis 19	als Hausbrand und in Kraftwerken
Magerkohle	10 bis 14	
Anthrazit	unter 10	

M 3: *Kohlenarten*

Tiefe gewonnen werden. Letztlich erklären die Lagerungsverhältnisse der Steinkohle, dass der Steinkohlenabbau seit Mitte des 19. Jahrhunderts in Etappen über die Hellweg- und Emscherzone um etwa 50 Kilometer nach Norden in die Lippezone und an den linken Niederrhein vorgerückt ist.

Auch die Kohlenqualitäten sind in den einzelnen Zonen des Ruhrgebiets unterschiedlich (M3). Grundsätzlich unterscheiden sich Steinkohlen, wie sie in den oberkarbonischen Ablagerungen des Ruhrgebiets vorkommen, durch ihr Alter, da durch die Dauer des Inkohlungsprozesses der Anteil flüchtiger Bestandteile variiert. Den höchsten Inkohlungsgrad, höchsten Kohlenstoffgehalt und gleichzeitig niedrigsten Gehalt an flüchtigen Bestandteilen weisen die in der Flözfolge ältesten Kohlenablagerungen auf (im Ruhrgebiet Anthrazit, Mager- und Esskohle). Mit dem Grad der Inkohlung nimmt auch der Brennwert der Steinkohle zu. Kohlen mit hohem Brennwert – ein für die Verwendung im Hausbrand oder in der Schmiedewerkstatt entscheidendes Kriterium – treten im Ruhrtal an die Oberfläche. Im nördlichen Teil befinden sich diese Schichten in bergmännisch nicht mehr zu erschließenden Teufen (bergm. für „Tiefe").

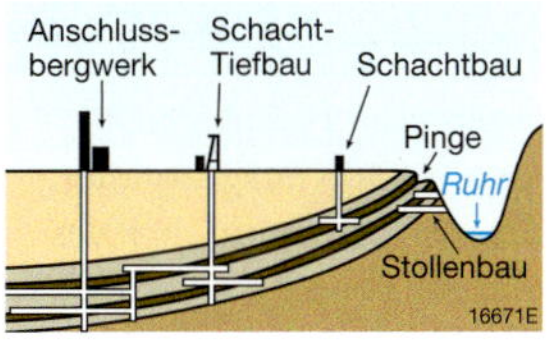

M 4: *Entwicklung des Steinkohlenbergbaus*

Die Eisen- und Stahlindustrie ist hingegen insbesondere auf die am besten verkokbare Fettkohle angewiesen. Die nicht allzu tief lagernden Fettkohlenflöze des mittleren Ruhrgebiets (Hellweg- und Emscherzone) bildeten das wirtschaftliche Fundament der Montanindustrie. Noch 1970 belief sich die Fettkohlenförderung auf circa 75 Prozent der gesamten Fördermenge an Steinkohle. Während der Ausräumung der Kohlenflöze in der Hellweg- und Emscherzone verlagerte sich der Abbau weiter in die Lippezone und in das Niederrheinische Tiefland. Ein neuartiges Gefrierverfahren erleichterte die Durchteufung auch wasserführender Schichten des mächtigen Deckgebirges. Infolge der Verlagerung der Steinkohlenförderung von der Emscher- in die Lippezone rückten zunehmend stärker gashaltige Kohlen (Flammkohle, Gasflammkohle, Gaskohle), die sich am besten für die Stromerzeugung in Großkraftwerken eigneten, in den Fokus des wirtschaftlichen Interesses. Herausgestellt werden muss, dass grundsätzlich eine Förderung von Steinkohle aus großen Tiefen mit erheblichen Kosten verbunden ist. Dies trifft insbesondere für den Abbau der Kohle in der Lippezone zu, auch wenn man versuchte, durch so genannte Anschlussbergwerke die Abbaukosten möglichst gering zu halten.

Die montanindustrielle Entwicklung des Ruhrgebiets ist also maßgeblich durch Naturraumpotenziale bestimmt worden, die sich aus dem geologisch-tektonischen Aufbau der Steinkohlenlagerstätten ergeben. Hieraus resultiert eine vom Ruhrtal nach Norden voranschreitende Erschließungsgeschichte, die die Physiognomie der Teilregionen des Ruhrgebiets auch heute noch entscheidend prägt.

Verkokung

Thermische Zersetzung von Kohle unter Luftabschluss. Feste und flüchtige Bestandteile werden getrennt. Hierbei entsteht Koks. Koks wird zur Befeuerung der Hochöfen eingesetzt.

1. *Beschreiben Sie die Lagerungsverhältnisse der verschiedenen Steinkohlenarten im Ruhrgebiet.*
2. *Erklären Sie die sich aus den geologisch-tektonischen Verhältnissen für einzelne Teilregionen ergebenden spezifischen Potenziale und Probleme eines Steinkohlenabbaus.*
3. *Analysieren Sie die Nordwanderung des Steinkohlenbergbaus im Ruhrgebiet.*

1.3 Entwicklung des Naturraums

Die Naturlandschaften des Ruhrgebiets sind durch Rohstoffgewinnung, Veränderungen im Wasserhaushalt, Schadstoffeinträge der Montanindustrie in das Bodenökosystem und durch die dichte Besiedlung des Ruhrgebiets zum Teil irreversibel verändert worden. Entstanden sind aber auch neue Geosysteme mit hohen Freizeit- und Wohnqualitäten.

Naturraum Ruhrgebiet

Naturräumlich hat das Ruhrgebiet Anteile am Bergischen Land, am Sauerland, am Niederrheinischen Tiefland, an der Hellwegabdachung sowie an den südlichen Ausläufern der Westfälischen Bucht. Neben der Bergisch-Märkischen- und der Hellwegzone unterteilt man das Ruhrgebiet häufig nach den Einzugsgebieten der größeren Flüsse in eine Rhein-, Ruhr-, Emscher- und Lippezone.

Die Wirtschafts- und Siedlungsaktivitäten des Menschen haben den „Naturraum Ruhrgebiet" großflächig verändert (vgl. 1.2). Doch auch noch heute haben viele der Teillandschaften durchaus einen grünen Charakter (M2). Vor allem in der Bergisch-Märkischen Zone und entlang der mittleren Ruhr findet sich eine idyllische Naherholungslandschaft. Freizeit- und Erholungsaktivitäten prägen die Ruhrstauseen Hengstey, Harkort, Kemnade, Baldeney und Kettwig. Der Kemnader See war von vornherein als Freizeitanlage konzipiert worden.

Die bergbauliche Nutzung und industrielle Vergangenheit haben aber auch in der Ruhrzone ihre Spuren hinterlassen, sichtbar etwa in den Sedimentablagerungen in den Auen der Ruhr und seiner Stauseen. So finden sich im circa zehn Kilometer langen Baldeneysee südlich Essens inzwischen mehrere Meter mächtige Ablagerungen, die neben einem hohen Kohlengehalt auch Schwermetalle aufweisen. Gleichwohl sind die Ruhr und ihre Stauseen heute sehr bedeutsam für die Trinkwasserversorgung des Ruhrgebiets. Das Ruhrtal besitzt weiterhin eine wichtige Funktion als Frischluftschneise und als Naherholungsraum des Ballungsraums Ruhrgebiet.

M 1: *Rheinauen in Duisburg*
Bereits 1979 wurde im Stadtgebiet Duisburgs und zudem in unmittelbarer Nachbarschaft zum damals noch existenten Krupp Hüttenwerk gelegen das 262 ha große Areal der Friemersheimer Rheinaue als Naturschutzgebiet ausgewiesen.

Ähnliche Funktionen weist auch der „rheinische Teil" des Ruhrgebiets auf. Zugehörig zum Niederrheinischen Tiefland und geomorphologisch geprägt durch quartärzeitlich entstandene Schotterterrassen, in die der holozäne Rhein Mäander und Auenlandschaften hinein modelliert hat, vermitteln heute kleinräumig wechselnde Acker- und Wiesenlandschaften, die mit Hecken und Kopfweiden umsäumt sind, einen relativ naturbelassenen Eindruck. Die Bedeutung Duisburgs als Logistikzentrum mit dem größten Binnenhafen Europas (vgl. 3.3.2) hängt durchaus auch mit typischen niederrheinischen Naturraumbedingungen zusammen. Durch Auskiesung eines seit dem 13. Jahrhundert nicht mehr durchflossenen Altrheinarmes in Nähe der Altstadt von Duisburg entstand der Hafenkomplex. Entlang des Innenhafenareals ist ein Stadtquartier am Wasser entstanden, das kompaktes Wohnen und Arbeiten mit urbanen Freizeitqualitäten verknüpft.

Die größten Veränderungen hat das leicht wellige Hügelland der Hellwegzone erfahren. Natürlich stockten hier auf fruchtbaren Lössböden Laubmischwälder. Mitte des 19. Jahrhunderts war dieser Teilraum noch überwiegend landwirtschaftlich geprägt. Die im Mittelalter noch bedeutenden Hansestädte des Hellwegs wie Duisburg, Essen, Bochum und Dort-

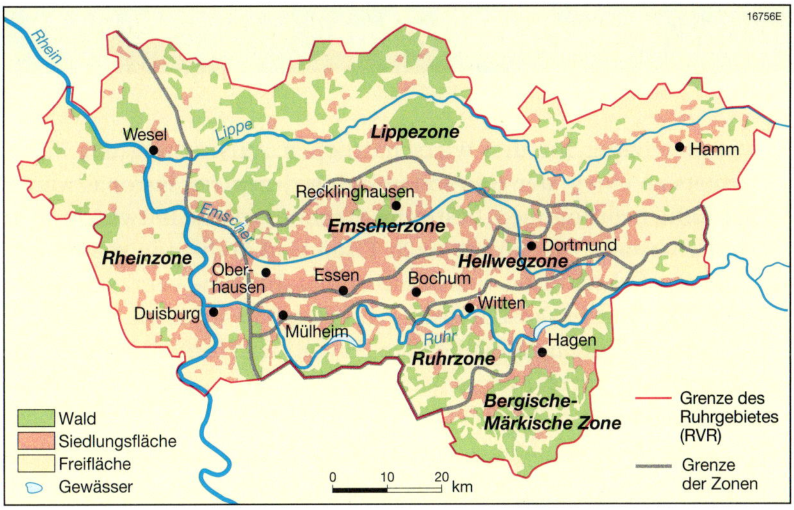

M 2: *Flächennutzung im Ruhrgebiet*

Hellweg
mittelalterlicher Fernhandelsweg zwischen Duisburg und Paderborn, der westlich weiter nach Aachen und östlich weiter bis nach Goslar führte

mund hatten zu dieser Zeit die Funktion von Ackerbürgerstädten. Entlang dieses Städtebandes wurden im Zuge der ersten Etappe der Nordwanderung des Bergbaus ab Ende der 1830er-Jahre circa 200 Zechen gegründet (vgl. 1.4). Die forst- und landwirtschaftlichen Flächen wurden mit Siedlungen und Industrieanlagen überbaut und versiegelt. Der Flächenbedarf der Bergwerks- und Industriebetriebe lag je Anlage bei circa 50 bis 100 ha. Für neu zu schaffende Bahnanlagen musste eine ähnliche Größe bereitgestellt werden. Geländemulden und Bachtäler wurden schnell mit Reststoffen und Abfällen aus der Montanindustrie wie Kohlenschlämme, Aschen und Schlacken aufgefüllt. Das mit der Steinkohle geförderte taube Gestein wurde aus Kostengründen nicht in größerem Maßstab in die Flöze zurück gebracht, sondern zu Halden aufgeschuttet (vgl. 6.3), von denen viele heute als begrünte und kulturell inszenierte Landmarken eine neue Inwertsetzung erfahren haben.

Die technogenen Substrate der Industrieböden veränderten die Bodenacidität gravierend. Auf Eisenhüttenschlacken werden pH-Werte bis 12 gemessen, Böden auf Bergematerial können pH-Werte bis 3,0 aufweisen. Gleichzeitig entstanden in den Gartenkulturen der Arbeitersiedlungen durch eine intensive Kompostwirtschaft aber auch sehr humose fruchtbare Böden inmitten der Städte. Heute sind kontamierte Bodenareale zum Teil saniert und mit neuer Wohnbebauung versehen. Auf ehemaligen Industrieflächen oder nicht mehr genutzten Bahnanlagen entstanden in den letzten Jahrzehnten aber auch wertvolle Biotope mit Ruderalvegetation oder Industriewald (vgl. 6.5.2).

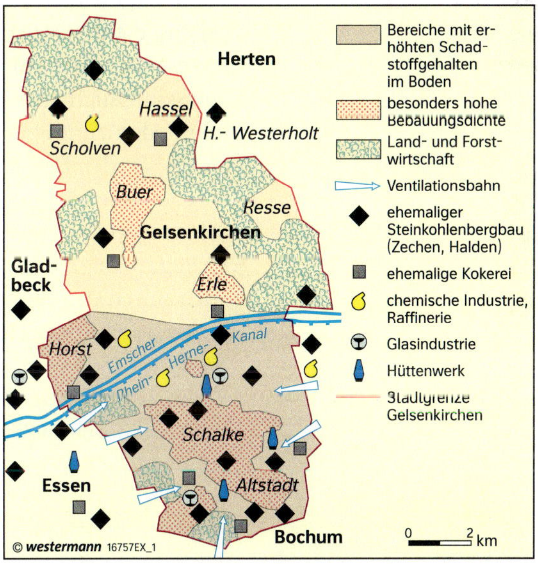

M 3: *Siedlungsstruktur von Gelsenkirchen und die Verbreitung erhöhter Schadstoffgehalte im Bodengebiet*

Auch die Emscher- und Lippezone, ehemalige sumpfige, durch Auenvegetation geprägte Niederungsbereiche, sind in den letzten 150 Jahren vielfältig umgestaltet worden. Die Emscher, einst als dreckigster Fluss Deutschlands ausgewiesen, wurde namensgebend für einen Landschaftspark: Im Emscher Landschaftspark und entlang der Lippe wurden in den letzten Jahren vielfältige Renaturierungen vorgenommen (vgl. 6.2).

1. *Stellen Sie Einflussnahmen des Geofaktors Mensch auf die Naturräume des Ruhrgebiets zusammen.*
2. *Beschreiben Sie Vitalisierungen in den Teilräumen des Ruhrgebiets.*

1.4 Entwicklung des Wirtschaftsraums

Voraussetzung für den wirtschaftlichen Aufschwung des Ruhrgebiets zu einem der führenden Industriezentren Europas waren die Kohlenvorkommen, bestimmte technologische Entwicklungen und eine hohe Nachfrage nach Eisen und Stahl. Die später einsetzende Substitution von Kohle und Stahl sowie vergleichsweise hohe Produktionskosten lösten eine Bergbau- und eine Stahlkrise aus, die zu einem weitgehenden Abbau der Montanindustrie im Ruhrgebiet führte.

Montanindustrie

Sammelbegriff für den Steinkohlenbergbau (einschließlich Kokereien und Steinkohlenkraftwerke) und die Eisen- und Stahlindustrie

Bis Mitte des 18. Jahrhunderts dominierte im Raum des heutigen Ruhrgebiets die Landwirtschaft. Entlang der Handelsstraße des Hellwegs und im Lippetal entstanden bereits im Mittelalter Städtebänder (Duisburg, Essen, Wattenscheid, Bochum, Unna bzw. Wesel, Dorsten, Haltern, Lünen und Hamm). Diese durch textil- und metallverarbeitendes Gewerbe sowie Handel aus Dörfern hervorgegangenen Siedlungen erlebten im 15. Jahrhundert einen wirtschaftlichen Aufschwung. Die Kriegswirren des 16. bis 18. Jahrhunderts führten aber zu einem wirtschaftlichen Niedergang. Bereits zu dieser Zeit wurde in der Ruhrzone die oberflächennah lagernde Kohle im Tagebau geschürft und aus einige Meter tiefen Schächten oder Stollen abgebaut, die in Berghänge hineingetrieben wurden (vgl. 1.2). Verwendungszweck war zunächst der Hausbrand. Im Laufe des 18. Jahrhunderts wurden schließlich auch überregionale Absatzmärkte erschlossen. Viele Eisenschmieden zum Beispiel des Sieger- und Bergischen Landes wechselten in dieser Zeit den Energieträger: statt Holz wurde Kohle benutzt, mit der man eine heißere Glut erzeugen konnte. Der Kohlenabbau an der Ruhr – hier zählte man um 1800 bereits 900 Zechen – erlebte eine erste Boomphase. Zu Beginn des 19. Jahrhunderts wurde der mittlere Flussabschnitt der Ruhr auch durch den Bau von 16 Schleusen für den Kohlentransport schiffbar gemacht. Auf dem Höhepunkt der Ruhrschifffahrt im Jahrzehnt zwischen 1850 und 1860 wurden jährlich bis zu 800 000 t Steinkohle transportiert.

Der Abbau von unterhalb der Talsohle an der Ruhr gelegener Steinkohle gestaltete sich zunächst als schwierig. Das einströmende Grundwas-

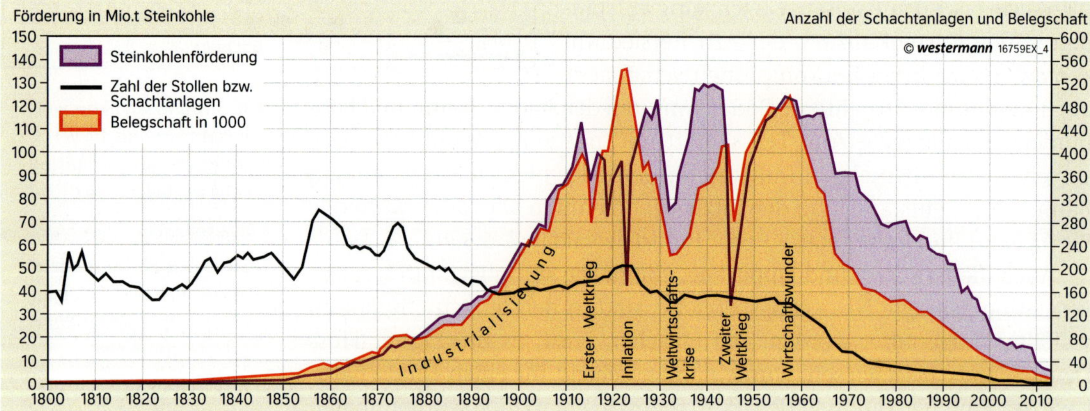

M 1: *Steinkohlenförderung im Ruhrgebiet (1850 – 2013)*

ser konnte nur mit Pferdekraft gehoben werden. Bis weit ins 19. Jahrhundert hinein bewerkstelligten Pferde und Menschen auch die Förderung der abgebauten Kohle durch Stollen und Schächte an die Erdoberfläche. Wesentliche Voraussetzung zur Förderung von tiefer lagernden Steinkohlenvorkommen nördlich der Ruhrzone war die Erfindung der Dampfmaschine. Sie kam im Ruhrbergbau erstmals 1799 auf der Zeche Vollmond in Bochum-Langendreer zum Einsatz. Einerseits konnte mit ihrer Hilfe das einströmende Grundwasser abgepumpt werden. Andererseits ermöglichten Dampfmaschinen auch die Durchteufung überlagernder Schichten des Deckgebirges (M 5, S. 10). Da nun Tiefbergbau möglich war, konnten auch die deutlich ergiebigere und für die Verkokung geeignetere Fettkohle der Emscherzone abgebaut werden. Weiterhin erleichterte die dampfbetriebene Lokomotive den Transport der Kohle erheblich.

Stahl wurde im Ruhrgebiet erstmals 1826 in den Mechanischen Werkstätten Harkort & Co. in Wetter an der Ruhr erzeugt. Durch die Verhüttung mit Koks konnten Stahl und Eisen in Massen produziert werden. Mit der 1847 fertiggestellten, zunächst eingleisigen Eisenbahnverbindung zwischen Köln und Minden, die im Teilabschnitt des Ruhrgebiets über Duisburg und Oberhausen nach Dortmund führte, war die verkehrstechnische Voraussetzung für den montanindustriellen Aufschwung des Ruhrgebiets und die Erschließung neuer Lagerstätten in der Emscherzone gegeben. Gleichzeitig katalysierte der Aufbau eines Eisenbahnnetzes die Entwicklung der Montanindustrie, indem die Nachfrage nach Kohle, Koks und Eisen enorm anstieg. Zwischen 1850 und 1870 versechsfachte sich die jährliche Kohlenförderung von 1,9 Mio. t auf 11,9 Mio. t und nahm bis 1900 auf 60 Mio. t zu. Die Eisen- und Stahlproduktion stieg von 11 500 t (1850) auf 306 800 t (1870) an. Bis 1900 wuchs sie um mehr als das Zehnfache auf 3 270 400 t an. Maßgeblich geprägt wurden diese Entwicklungen im Ruhrgebiet von wenigen Unternehmer-Dynastien (Krupp, Thyssen, Hoesch). Die 1809 eingeführte Gewerbefreiheit ermöglichte das Unternehmertum. Später förderte die preußische Wirtschaftspolitik die schnelle industrielle Entwicklung.

1840	4
1900	2
1950	1
2000	0,45
2007	0,33

M 2: *Benötigte Koksmengen (in t) für die Erzeugung von 1 t Roheisen*

Mit Hilfe der sogenannten Bessemer-Birne, einem Ofen zur Massenstahlerzeugung, gelang es Krupp in Essen, den Produktionsprozess von Stahl von zuvor 24 Stunden auf 20 Minuten zu verkürzen.

Die industrielle Expansionsphase begann nach der Reichsgründung und reichte bis zum Ersten Weltkrieg. Die Unternehmen entlang des Hellweges expandierten auf eine bisher nicht gekannte Größe. Durch horizontale Konzentrationen entstanden Bergbaugesellschaften mit umfangreichem Felderbesitz, Eisen- und Stahlunternehmen wuchsen durch vertikale Konzentration zu Großunternehmen von Weltgeltung, alle miteinander verbunden durch das mittlerweile dichteste Eisenbahnnetz des Deutschen Reiches.[...] Südlich, vor allem aber nördlich der Emscher entstanden Großzechen und Eisen- und Stahlwerke an planlos verstreuten Standorten, unterbrochen durch landwirtschaftliche Flächen.

M 3: Quellentext zur Entwicklung der Montanindustrie
Wehling, H.-W.: Die industrielle Kulturlandschaft des Ruhrgebiets. Essener Unikate 19/2002

Durch die Auflösung der Feudalstruktur auf dem Lande strömte die Landbevölkerung in die Städte. Vornehmlich aus den Ostgebieten Deutschlands und aus Polen zogen die Menschen in das neu entstehende Industrierevier und ließen die Einwohnerzahlen sprunghaft ansteigen (vgl. 1.6). So entstand in der Hellweg- und Emscherzone aus einem bislang landwirtschaftlich geprägten Raum mit kleinen Ackerbürgerstädten und Dörfern eine montanindustrielle Stadtlandschaft (vgl. 5.1.2).

1. *Analysieren Sie die Entwicklungen im Steinkohlenbergbau zwischen 1840 und 2013.*
2. *Analysieren Sie Standortvorteile des Ruhrgebiets beim Aufbau der Montanindustrie.*

M 1: Quellentext zu Erfindungen bei der Stahlgewinnung
Bronny, H., Jansen, N., Wetterau, B.: Das Ruhrgebiet (2002)

Nachdem bereits 1735 in England Steinkohlenkoks im Verhüttungsprozess eingesetzt wurde, gelang dieses im Ruhrgebiet erst 1848/49 auf der Friedrich-Wilhelms-Hütte in Mülheim an der Ruhr. [...] Alle wichtigen Basiserfindungen zur Stahlgewinnung – Kokshochofen, Puddelverfahren, Bessemer-Birne, Thomas-Verfahren – wurden in England gemacht und in immer kürzeren Zeitabständen in Deutschland eingeführt. Vergingen hinsichtlich des Kokshochofens von der Erfindung bis zur Einführung in Deutschland noch 100 Jahre, so wurde das Thomas-Verfahren 1877/78 in England patentiert und bereits 1879 in Deutschland übernommen.

Die Eisen- und Stahlindustrie des Ruhrgebiets produzierte erfolgreich Güter des täglichen Bedarfs, Eisenbahnschienen, -räder und -achsen, Brücken, Schiffe, einfache Maschinen und Maschinenteile, Industrieanlagen wie Hochöfen und Walzwerke sowie Waffen und Munition. Technisch anspruchsvolle Produkte wurden zunächst anderswo hergestellt. Um unabhängiger zu sein, erwarben viele Stahl- und Eisenunternehmen Zechen und wuchsen zu Großunternehmen. Für diese räumlichen und unternehmerischen Verflechtungen, die über 100 Jahre Bestand haben sollten, fand man später den Begriff Verbundwirtschaft. Um kostengünstig zu produzieren, legte man die einzelnen Produktionsstufen räumlich zusammen. Wirtschaftlicher Erfolg und die Vormachtstellung der Schwerindustrie des Ruhrgebiets in Deutschland führten aber bereits in frühen Jahren dazu, dass nur eine geringe Bereitschaft vorhanden war, auf neue innovative Produkte umzustellen. Stattdessen wurden die bestehenden Produkte verfeinert und Herstellungserfahren immer weiter verbessert (z.B. Elektrostahl, Sauerstoffaufblas-Verfahren bei der Stahlherstellung).

Verbundwirtschaft
Ein auch technisch bedingter, kostensparender Produktionsverbund von mehreren Werken. Wenn Eisenhütte, Stahlwerk und Walzwerk eng zusammen liegen, kann das Roheisen vom Hochofen noch glutflüssig zum Stahlwerk kommen und der Stahl dort ohne Abkühlung im Walzwerk weiterverarbeitet werden („Arbeit in der Hitze“). Ressourcen können gemeinsam genutzt und mehrmaliges Erhitzen vermieden werden.

Die Jahre nach dem Ersten Weltkrieg bescherten dem Ruhrgebiet eine erste Krisenphase mit Zechenstilllegungen auch in der Hellwegzone. Danach expandierte der Steinkohlenabbau in den 1930er-Jahren dann nochmals nach Norden und Westen. Auf der Magerkohle oder Anthrazit siedelten sich begleitend Unternehmen der Kohlenchemie und der Elektrizitätserzeugung an. Im Gegensatz zu anderen Industrieregionen

M 2: *Industrielandschaft um 1930: Zeche Hugo II, Gelsenkirchen*

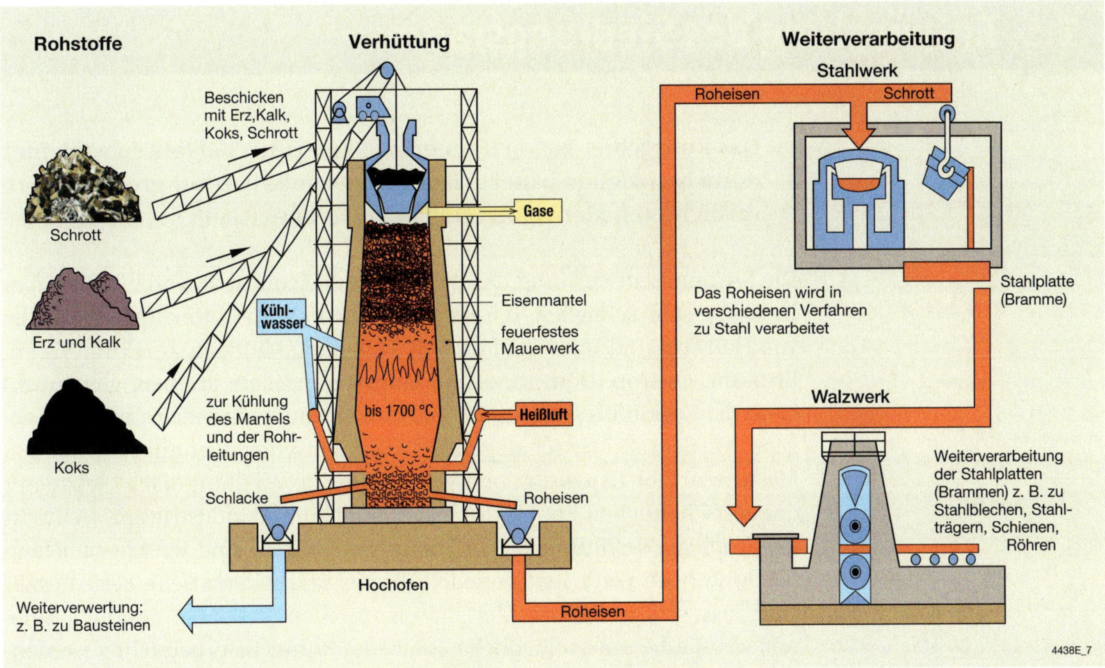

hatte es die Chemieindustrie im Ruhrgebiet verhältnismäßig schwer. Die Energiegewinnung wurde allerdings zu einem weiteren ertragreichen Standbein der Stahlfabrikanten. Zudem führte die Aufrüstung in den 1930er-Jahren zu einem ersten Höchststand der Eisenproduktion. Während der Steinkohlenbergbau in die Emscherzone wanderte, verblieb die Eisen- und Stahlindustrie vor allem aufgrund der hohen Investitionen weitgehend in der Hellwegzone verortet.

Nach dem Zweiten Weltkrieg erholte sich die Montanindustrie schnell. Trotz der Zerstörungen durch flächenhafte Bombardements und der von den Alliierten nach Kriegsende verfügten Demontagen wurde 1956 die maximale Kohlenförderung im Ruhrgebietsbergbau mit 124 600 t erzielt. Damals waren 494 000 Beschäftigte im Bergbau tätig. In den Folgejahren stellten sich drastische Absatzprobleme ein, die durch die Konkurrenz immer bedeutender werdender Energieträger Erdöl und Erdgas sowie durch billigere Importkohle ausgelöst wurden. Von 1958 bis 1964 wurden fast dreißig Zechen stillgelegt. Bis 1976 verringerte sich die Zahl der Zechen von 148 auf bereits 35; die Förderung halbierte sich, die Belegschaft ging auf 150 000 Bergleute zurück.

Auch in der Stahlindustrie war ein Wiederaufbau Mitte der 1950er-Jahre abgeschlossen. Die Stahlerzeugung nahm kontinuierlich zu und erreichte 1974 ihren Höhepunkt. Ein Preisverfall durch billiger produzierende Ostblock- und Schwellenländer und durch neue auf den Markt drängende und den Stahl substituierende Werkstoffe wie Aluminium und Kunststoff führten aber schon zu dieser Zeit zu Absatzschwierigkeiten. Durch die Weltwirtschaftskrise 1974/75 geriet schließlich auch der Stahlsektor des Ruhrgebiets in die Krise. Die monostrukturierte Region befand sich spätestens jetzt in einer Phase massiver Deindustrialisierung, die mit Rationalisierungen und Unternehmensfusionen begann und schließlich in der Stilllegung ganzer Stahlstandorte und der räumlichen Konzentration auf den Stahlstandort Duisburg mündete (vgl. 2.2).

M 3: *Verhüttung*
Der Unterschied zwischen Roheisen und Stahl liegt im Kohlenstoffgehalt (C-Gehalt Roheisen: 3,5 – 4,5 %; C-Gehalt Stahl: < 2 %). Roheisen ist von seiner Beschaffenheit spröde und hart und kann daher nicht geschmiedet oder gewalzt werden. Aufgrund des geringeren Kohlenstoffgehalts ist Stahl verformbar und kann geschmiedet oder gewalzt werden.

	Importkohle	deutsche Steinkohle
1970	31	37
1980	56	100
1990	49	138
2000	42	149
2014	71	>200

M 4: *Steinkohlenpreise (Euro / t)*

1. *Erläutern Sie die Vorteile einer montanindustriellen Verbundwirtschaft.*
2. *Nennen Sie die Gründe für den in den 1970er-Jahren einsetzenden Deindustrialisierungsprozess.*

1.5 Entwicklung des Siedlungsraums

Das Ruhrgebiet hat sich innerhalb von rund 250 Jahren von einer dünn besiedelten bäuerlichen Kulturlandschaft zur größten, hoch verdichteten Metropolregion Europas entwickelt.

Die Siedlungsentwicklung des Ruhrgebiets begann spät, verlief dann aber in einem sehr schnellen Tempo. Zwar hat sich im Mittelalter eine Reihe von Hellweg- und Hansestädten (z. B. Duisburg, Mülheim a. d. Ruhr, Essen, Bochum, Castrop, Dortmund und Unna) entwickeln können, gleichwohl blieb die Region bis weit ins 19. Jahrhundert dünn besiedelt und überwiegend von der Landwirtschaft geprägt. Um 1840 lebten hier nur etwa 240 000 Menschen. Eine Expansion und Verdichtung der Siedlungsfläche setzte mit der wirtschaftlichen Entwicklung von Bergbau und Industrie ein. Heute ist die Kernzone des Ruhrgebiets entlang von Hellweg und Emscher flächenhaft und hoch verdichtet besiedelt. Dieser rasant verlaufene Besiedlungsgang lässt sich in mehrere Zeitphasen aufteilen und sollte räumlich differenziert für die unterschiedliche Zonen des Ruhrgebiets betrachtet werden.

1800 – 1840, ländlich-frühindustrielle Phase

Ruhrzone: Die hier im Stollenbetrieb abbaubare Kohle führte zu einer frühindustriellen Prägung. Die rasch wachsende Bevölkerung siedelte sich in der Nähe der Zechen in so genannten Köttersiedlungen an, in denen Landwirtschaft und Bergbau betrieben wurden.

Hellwegzone: Die fruchtbaren Böden (Bördenlandschaft) machten die Hellwegzone zum damals wichtigsten Agrarraum der Region. Die Industrialisierung und die damit einhergehende stärkere Besiedlung erfasste die Hellwegzone, als die Erschließung der hier tiefer liegenden Fettkohlenflöze mit Hilfe des Schachttiefbaus möglich wurde.

Emscher-/Lippezone: Aufgrund der ungünstigen agrarischen Bedingungen war die Emscherzone zu dieser Zeit nur schwach besiedelt. Ähnliches gilt für die nördlich sich anschließende Lippezone. Von der Frühindustrialisierung wurden beide Teilbereiche des Ruhrgebiets kaum erfasst.

M 1: *Siedlung in der Nähe der Zeche Osterfeld in Oberhausen, 1977*

1840 – 1900, Hochindustrielle Phase

Ruhrzone: Durch die bald einsetzende Nordwanderung des Bergbaus wurde die Ruhrzone lediglich von der Frühphase der Industrialisierung erfasst und damit vergleichsweise wenig verändert. Lediglich in Witten und Hattingen waren Zechen und Industriebetriebe prägend für weitere Siedlungsentwicklungen.

Hellwegzone: Die Hellwegzone wurde dagegen durch die Hochindustrialisierung deutlich verändert. Im Zuge dieser Dynamik wuchsen die mittelalterlichen Städte der Hellwegzone zwischen Duisburg und Dortmund zu industriell geprägten Großstädten.

Emscherzone: Mit dem Bau einer durch das Ruhrgebiet führenden Teilstrecke der Köln-Mindener Eisenbahn ab 1847 stieß der Bergbau und die Industrialisierung auch in die Emscherzone vor. Folglich entstanden auch hier zahlreiche Betriebe der Montanindustrie, zum Beispiel neue Bergbauschächte und Hüttenbetriebe. Die Besiedlung ging in rasantem Tempo meist ungeplant voran. Es entstanden Industriedörfer, Agglomerationen von Zechensiedlungen ohne Stadtkern mit Zehntausenden von Bewohnern (vgl. 5.1.2). Die zu dieser Zeit vor allem in den preußischen Ostprovinzen angeworbenen Arbeitskräfte wurden häufig in Werkssiedlungen (Kolonien) untergebracht (vgl. 5.1.1).

Die **Lippezone** wurde vom Industrialisierungs- und Besiedlungsgang in dieser Phase noch nicht erreicht, sie galt aber als zukünftiger Expansionsraum.

1900 – heute, Spät- und postindustrielle Phase

Auch im 20. Jahrhundert wuchs das Ruhrgebiet weiter. In der ersten Hälfte des 20. Jahrhunderts weiteten sich die Hellweggroßstädte nach Norden aus und wuchsen mit den kleineren Städten der südlichen Emscherzone zusammen. Die nördliche Emscherzone wurde zum Schwerpunktbereich des Siedlungswachstums, und auch in der Lippezone intensivierte man den Siedlungsausbau. In der zweiten Hälfte des 20. Jahrhunderts kam es, trotz des wirtschaftlichen Niedergangs der Montanindustrie, zu weiterem Wachstum der Siedlungsfläche im Ruhrgebiet. Hintergrund war der Wunsch nach größeren Wohnungen und Siedlungen in aufgelockerter Bauweise. Auch wurden die Verkehrs-, Bildungs- und Freizeitinfrastruktur sowie die städtischen Zentren weiter ausgebaut. Gerade im nördlichen Ruhrgebiet wurden ab den 1960er-Jahren ambitionierte Großwohnsiedlungen mit mehrgeschossigen Wohnanlagen errichtet (vgl. 5.1.3). Aber auch in den Städten der Hellweg- und Emscherzone fiel die gründerzeitliche Bausubstanz im Zuge großangelegter Stadtsanierungen der Abrissbirne zum Opfer und machte Hochhäusern sowie den Ring- und Umgehungsstraßen einer autogerechten Stadt Platz.

Später kehrte sich dieser Trend um und man kam zu behutsameren Formen der Stadterneuerung mit Wohnumfeldverbesserungen, Fußgängerzonen und Verkehrsberuhigungen. So wurden viele der heute beliebten Werkssiedlungen erhalten und auch die Großwohnsiedlungen konnten mit Modernisierungen und Rückbau bewohnerfreundlicher gestaltet werden. Eine große Herausforderung für die Stadtplanung ist es heute, die in städtischen Lagen entstehenden Freiflächen sinnvoll zu nutzen (vgl. 5.2).

Angesichts des schnellen Siedlungswachstums wurde im Ruhrgebiet bereits in den 1920er-Jahren die Notwendigkeit der Sicherung von Freiraum erkannt. Der im Jahr 1920 gegründete Siedlungsverband Ruhrkohlenbezirk (SVR) legte die Sicherung von regionalen Grünzügen fest, die bis heute Grundlage für die Freiraumsicherung und -entwicklung sind.

1. *Erläutern Sie räumlich differenziert die Siedlungs entwicklung im Ruhrgebiet*

a) in der frühindustriellen Phase,

b) in der hochindustriellen Phase.

1.6 Bevölkerungsentwicklung

Die Bevölkerungsentwicklung des Ruhrgebiets ist in direktem Zusammenhang mit dem Arbeitskräftebedarf der Industrie zu sehen. So waren fünf Einwanderungswellen prägend für das extreme Bevölkerungswachstum bis in die 1960er-Jahre. Seitdem ist ein allgemeiner Bevölkerungsrückgang zu beobachten.

1816 lebten in dem Raum zwischen Wesel und Hamm, der später das Ruhrgebiet werden sollte, 220 000 Menschen. Aufgrund der massiven Ansiedlungen der Industrie und deren Arbeitskräftebedarf wuchs die Bevölkerung durch Zuwanderung rasch an. Die höchste Bevölkerungszahl wies das Ruhrgebiet mit 5,7 Millionen Einwohnern 1961 auf. Seit der frühindustriellen Phase fand die Zuwanderung in fünf großen Wellen statt:

1. 1840er- bis 1860er-Jahre: Zuwanderung einer meist bäuerlichen Bevölkerung aus den preußischen Westprovinzen Westfalen, Rheinland und Hessen;
2. Von 1865 bis 1880er-Jahre: Zuwanderung einer bergbaulichen Bevölkerung aus dem oberschlesisch-mährischen Bergbaurevier;
3. Ab 1880er-Jahre: Zuwanderung aus Ost- und Westpreußen, Galizien und Slowenien;
4. Nach dem Zweiten Weltkrieg: Zuwanderung von Heimatvertriebenen und Flüchtlingen;
5. Seit 1959: Zuwanderung von „Gastarbeitern" aus dem Mittelmeerraum.

M 1: Quellentext zu den Zuwanderungswellen ins Ruhrgebiet
Chronik Ruhrgebiet (1997)

Polen und Masuren ziehen ins Revier. *Um 1880. Mit der Ausbreitung des rheinisch-westfälischen Industriereviers nach Norden werden für die neuen Zechen an der Emscher und im Vest Recklinghausen Arbeitskräfte aus den preußischen Ostprovinzen angeworben. Polnische, masurische und schlesische Arbeiter siedeln sich mit ihren Familien im Ruhrgebiet an. […] Die Ruhrindustriellen bevorzugen Arbeiter ihrer eigenen Religionszugehörigkeit. Die evangelischen Gelsenkirchener Unternehmer Emil Kirdorf und Friedrich Grillo werben im evangelischen Ostpreußen, die Katholiken August Thyssen und später auch Peter Klöckner gewinnen viele Arbeitskräfte in den katholischen Gebieten Westpreußens, Posens und Polens für ihre Industriebetriebe in Oberhausen und Wanne.*

Aus Majcrzak wird Mayer. *27. Juni 1901. Die Vorurteile der einheimischen Bevölkerung gegen alles vermeintlich „Polnische" veranlasst auch deutsche Zuwanderer aus den preußischen Ostprovinzen, „slawisch" klingende Namen abzulegen. Die Namensänderung soll Schwierigkeiten im Umgang mit Behörden und Diskriminierungen der Kinder in der Schule verhindern helfen. Nicht selten wählen Träger polnischer Namen gängige deutsche Familiennahmen wie Müller, Meier oder Schulze.*

Zahl der Polen wächst weiter. *1. Dezember 1910. Die Einwanderung aus Polen, Masuren, Ostpreußen und Westpreußen in das Industriegebiet an der Ruhr ist in den vergangenen Jahren ständig gestiegen, so dass z. B. der Anteil der polnischen Bevölkerungsgruppe an der Gesamtbevölkerung in Recklinghausen über 20 Prozent, in Gelsenkirchen bei fast 9 Prozent und in Oberhausen über 9,6 Prozent liegt.*

Vor allem in den Städten der industriell geprägten Hellweg- und Emscherzone entwickelten sich besonders dicht besiedelte Räume mit einer Einwohnerdichte über 3 000 Ew./km². Das Ruhrgebiet wurde zum größten montanindustriellen Ballungsraum in Europa. Infolge des Zweiten Weltkriegs sank aufgrund der Zerstörung von Wohnraum und in ländliche Regionen evakuierter Bevölkerung die Einwohnerzahl allerdings auf unter vier Millionen. Das Wirtschaftswunder sorgte dann aber schnell für die höchste Bevölkerungszahl, die das Ruhrgebiet je hatte.

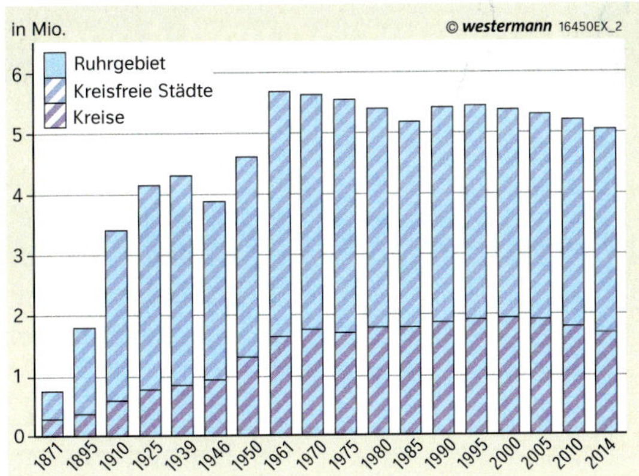

M 2: *Bevölkerungsentwicklung in den kreisfreien Städten und Kreisen des Ruhrgebiets (1871 – 2014)*

Seit den 1960er-Jahren reduzierte sich die Bevölkerung des Ruhrgebiets allerdings wieder auf 5,05 Millionen (2014). Als Ursachen für diesen allgemeinen Bevölkerungsrückgang im Ruhrgebiet sind eine natürliche Bevölkerungsabnahme und eine negative Wanderungsbilanz durch Abwanderung zu nennen. So kehrten aufgrund der regionalen Wirtschaftskrisen viele der ausländischen Arbeitnehmer – in den 1980er-Jahren auch unterstützt durch so genannte Rückkehrprämien – in ihre Heimatländer zurück. Aber auch junge Deutsche zog es in den prosperierenden Süden Deutschlands. Vor allem aber flohen viele junge Familien des Mittelstandes aus dem grauen Alltag der Ruhrgebietsstädte in den niederrheinischen Raum oder das südliche Münsterland, um dort preiswert ein Haus im Grünen zu bauen.

Als Folge liegen im Ruhrgebiet die Bevölkerungsanteile der älteren Menschen über und die Anteile der jüngeren Menschen unter dem bundesdeutschen und auch dem nordrhein-westfälischen Durchschnitt. Der demographische Wandel ist im Ruhrgebiet damit besonders stark ausgeprägt (vgl. 4.1). In Bevölkerungsprognosen zum Ruhrgebiet wird von einem in den nächsten Dekaden anhaltenden Schrumpfungs- und Überalterungsprozess ausgegangen. Dieser Entwicklung kann nur begegnet werden, indem selektive Zuwanderungen von jungen Arbeitskräften und deren erfolgreiche Integration gefördert werden. Die Zahl der Ausländer im Ruhrgebiet war viele Jahre konstant, zwischen 2010 und 2014 ist die Zahl jedoch um 13,4 Prozent gestiegen. Somit lebten im Jahr 2014 632 300 ausländische Staatsangehörige im Ruhrgebiet, was einem Anteil von 12,5 Prozent an der Gesamtbevölkerung entspricht.

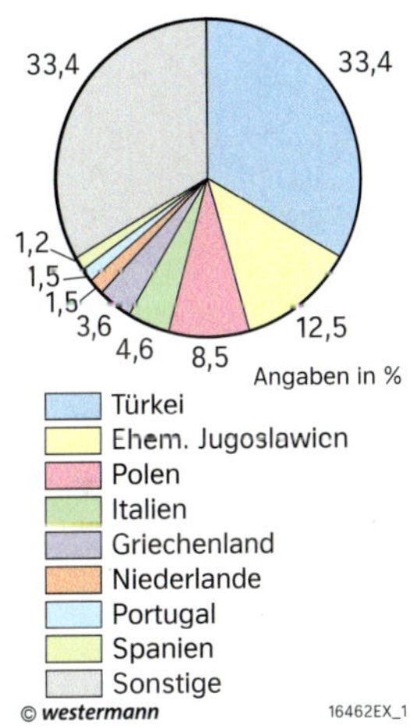

M 3: *Ausländer nach Nationalitäten im Ruhrgebiet 2014*

1. *Erläutern Sie die Bevölkerungsentwicklung im Ruhrgebiet nach Zonen sowie kreisfreien Städten und Kreisen.*

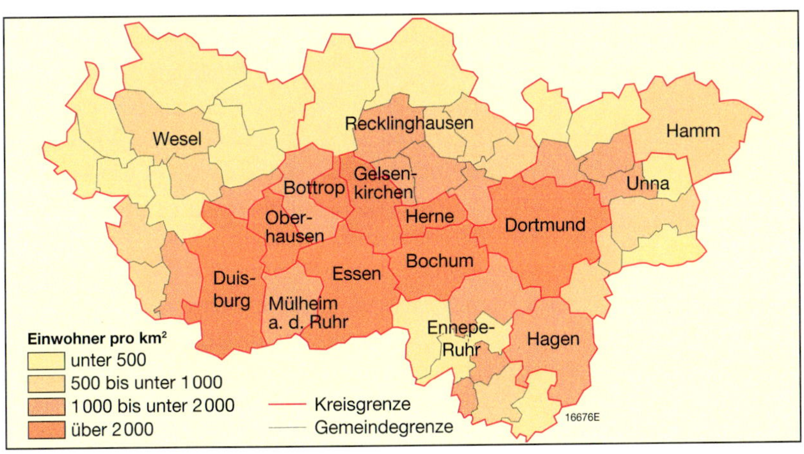

M 4: *Bevölkerungsdichte im Ruhrgebiet 2014 nach Kreisen und kreisfreien Städten*

1.7 Definition und Abgrenzung einer Region

Mangels naturräumlicher oder historisch-politischer Einheit lässt sich das Ruhrgebiet heute lediglich als eine Region definieren, die ehemals ein homogener Wirtschaftsraum gewesen ist. Seit dem Niedergang der einst verbindenden Montanindustrie versucht sich das Ruhrgebiet heute neu zu erfinden und abzugrenzen.

Das Ruhrgebiet hat als definierter Raum eine erst kurze Geschichte. Im 19. Jahrhundert verstand man unter „Ruhrgebiet" zunächst einmal nur die Gegend an der unteren und mittleren Ruhr. Später im frühen 20. Jahrhundert definierte sich der „Siedlungsverband Ruhrkohlenbezirk" als Verbreitungsgebiet des Kohlenvorkommens. Damit dehnte sich die als Ruhrgebiet bezeichnete Region vor allem nach Norden über die Hellweg- und Emscherzone bis in die Lippeniederungen aus, teils aber auch in Gebiete des linken Niederrheins um Moers. Heute versteht man unter Ruhrgebiet ganz pragmatisch das Zuständigkeitsgebiet des Regionalverbands Ruhr (RVR). So besteht das Ruhrgebiet aktuell aus elf kreisfreien Städten sowie vier Kreisen, die sich wiederum in 42 selbstständige Städte und kreisangehörige Gemeinden gliedern.

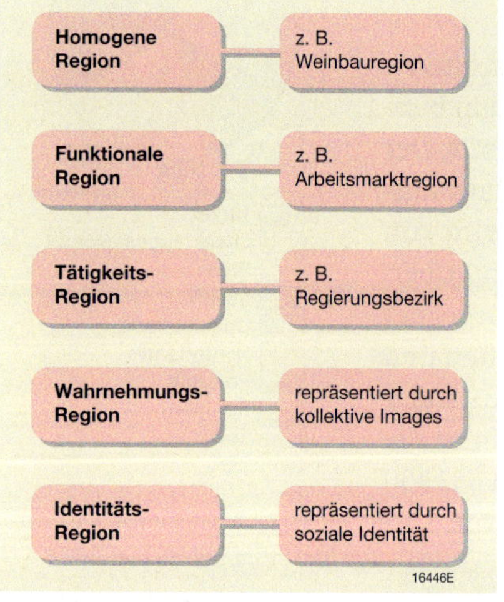

M 1: *Typologie von Regionskonzepten*

Doch was macht eine Region eigentlich aus und wie kann man ihre Grenzen bestimmen? Eine Region ist – geographisch definiert – ein Raum mittlerer Größenordnung, der als zusammengehörig angesehen wird. Eine Anwendung dieser allgemeinen Definition auf die Realität setzt voraus, dass Kriterien vorhanden sind, anhand derer die Zusammengehörigkeit eines Raums definiert werden kann. So kann zum Beispiel ein Raum, der eine einheitliche naturräumliche Ausstattung besitzt, als eine homogene Region angesehen werden. Neben diesem naturräumlichen Kriterium gibt es aber noch weitere Merkmale (M 1): So dokumentiert etwa eine funktionale Verflechtung oder eine gemeinsame Verwaltung eine räumliche Zusammengehörigkeit. Auch durch die Wahrnehmung der Menschen innerhalb und außerhalb eines Raumes kann es zu einer regionalen Abgrenzung kommen.

Anhand dieser Kriterien fällt es nicht leicht, eine Abgrenzung des Ruhrgebiets durchzuführen. Keineswegs ist es ein einheitlicher Naturraum (vgl. 1.2). Im heutigen Ruhrgebiet treffen drei große Naturräume zusammen: das Rheinische Schiefergebirge im Süden und Südosten, die Westfälische Bucht im Norden und Nordosten sowie die Niederrheinische Tiefebene im Westen. Viel einfacher lässt sich das Ruhrgebiet funktional aus seiner montanindustriellen Vergangenheit definieren. Schließlich beruht die Entstehung des Ruhrgebiets ausschließlich auf der Erschließung der Steinkohlenlagerstätten und der Herausbildung der Montanindustrie ab der ersten Hälfte des 19. Jahrhunderts. Auf rein wirtschaftlicher Ebene bildeten sich erste regionale Organisationen wie montanindustrielle und wasserwirtschaftliche Verbände heraus. Bemerkenswert in diesem historischen Kontext ist aber, dass dieses Industriegebiet bis in die 1920er-Jahre keinen eindeutigen Namen hatte. Es wurden Bezeichnungen wie „Rhei-

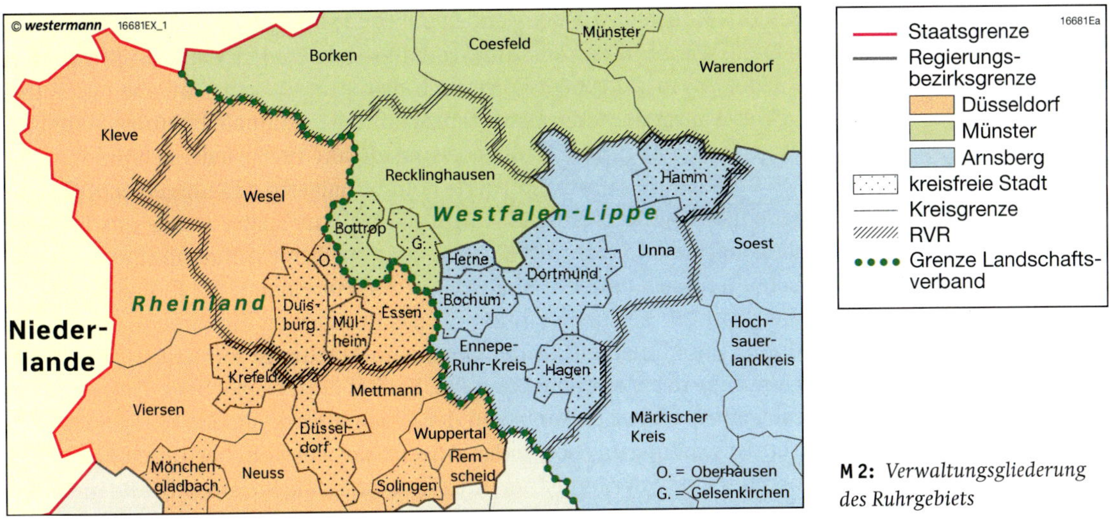

M 2: *Verwaltungsgliederung des Ruhrgebiets*

nisch-westfälischer Industriebezirk", „Kohlenbezirk" und „Ruhrrevier" benutzt. Die Benennung als „Ruhrgebiet", die sich letztlich durchsetzte, erfasste zunächst lediglich das wasserwirtschaftliche Einzugsgebiet der Ruhr.

Nach dem Niedergang der Montanindustrie, die das Ruhrgebiet zu einem homogenen Wirtschaftsraum machte, ist das funktionale Raumkonzept nur noch historisch zu begründen. Zwar bemühte man sich im Zuge des Strukturwandelprozesses, neue Industrien und Dienstleistungen anzusiedeln, eine einheitliche Wirtschaftslandschaft wie damals ist aber (noch) nicht entstanden. Erschwerend kommt hinzu, dass sich im Ruhrgebiet keine historisch gewachsene Verwaltungseinheit entwickelt hat. Bei seiner im Vergleich zu anderen Regionen recht späten Herausbildung lag es in verschiedenen, bereits bestehenden, weil historisch gewachsenen Kultur- und Verwaltungsräumen (Provinzen, Regierungsbezirken, Kreisen, M2).

Heute durchschneiden verschiedene Verwaltungs- und Zuständigkeitsgrenzen die Region. Das östliche Ruhrgebiet gehört dem Landschaftsverband Westfalen-Lippe an und der westliche Teil dem Landschaftsverband Rheinland. Drei Regierungsbezirke mit außerhalb liegenden Sitzen (Düs-

	Bevölkerung (2014)	Bevölkerungsdichte (2014, Ew./km²)	BIP / Ew. (2012, in Euro)	Arbeitslosenquote (2014, in %)
Bochum	361 876	2483	59 619	9,9
Bottrup	116 017	1153	50 272	8,1
Dortmund	580 511	2068	62 137	12,6
Duisburg	485 465	2085	75 815	12,8
Essen	573 784	2728	73 779	12,3
Gelsenkirchen	257 651	2455	68 620	14,1
Hagen	186 716	1164	62 945	10,0
Hamm	176 580	780	61 135	9,5
Herne	154 608	3007	54 465	13,0
Mülheim an der Ruhr	167 108	1831	73 872	7,9
Oberhausen	209 292	2715	56 158	11,7
Ennepe-Ruhr	322 916	791	64 383	7,3
Recklinghausen	613 774	806	61 132	10,8
Unna	391 622	721	62 798	9,0
Wesel	457 244	438	61 471	7,6

M 3: *Kreisfreie Städte und Kreise im Ruhrgebiet*

1. *Nennen Sie jeweils ein Beispiel für eine homogene, eine funktionale, eine Tätigkeits-, eine Wahrnehmungs- und eine Identitätsregion in Deutschland.*
2. *Diskutieren Sie das Festhalten an der Regionsbezeichnung „Ruhrgebiet".*

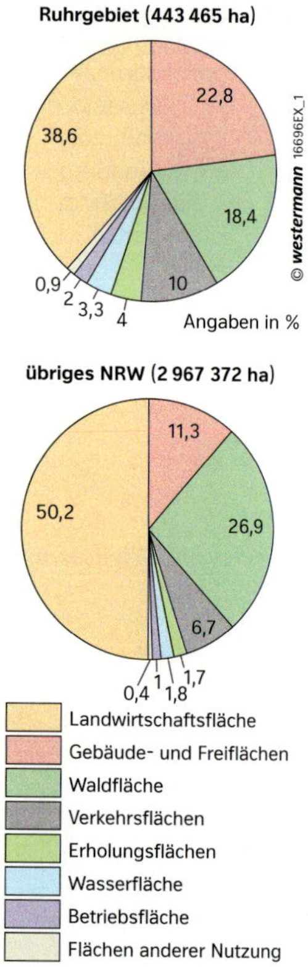

M 1: *Flächennutzung im Ruhrgebiet 2014*

seldorf, Münster, Arnsberg) haben politische Lenkungsfunktionen im Ruhrgebiet. Während der Siedlungsverband Ruhrkohlenbezirk (SVR) von den 1920er- bis in die 1960er-Jahre auch strukturpolitische Aufgaben im Ruhrgebiet wahrgenommen hatte, wurde ihm die regionale Planungshoheit im Zuge der kommunalen Neugliederung im Jahr 1975 wieder genommen. Der 1979 aus der SVR umstrukturierte Kommunalverband Ruhrgebiet (KVR) hatte lediglich untergeordnete Aufgaben. 25 Jahre später wurde aus ihm der Regionalverband Ruhr (RVR), dem auch im Bereich Raumordnung Aufgaben übertragen wurden. Ab dem Jahr 2009 übernahm der RVR auch wieder die staatliche Regionalplanung für das Ruhrgebiet. Ein zunehmendes politisches Zusammenwirken der regionalen Akteure ist somit auch in der Ausgestaltung der Metropole Ruhr (vgl. Kapitel 7) zu beobachten. Denn im RVR mit seinen wichtigen Aufgaben der Regionalplanung, der Wirtschafts- und Tourismusförderung sowie der Trägerschaft des Emscher Landschaftsparks und der Route der Industriekultur sind sämtliche kreisfreie Städte und Kreise zusammengeschlossen und die regionalen Entscheidungen werden in der gemeinsamen Verbandsversammlung getroffen.

Doch trotz neuer administrativer Strukturen stellt sich die Frage nach der Einheit der Region immer wieder. Reicht die gemeinsame wirtschaftliche Vergangenheit aus, um das Konzept „Ruhrgebiet“ am Leben zu erhalten? Zwar unterscheiden sich die Ruhrgebietsgemeinden immer noch stark von ihrer Umgebung (z. B. der Süden Duisburgs im Vergleich zum angrenzenden Düsseldorfer Norden). Doch gerade in den großen Städten am Rande des Ruhrgebiets lässt sich schon lange ein Kommunalegoismus ausmachen, der sich in der Eigendefinition klar vom Ruhrgebiet abgrenzt und auch die Menschen der Region verstehen sich selbst nur bedingt als in einer räumlichen Einheit lebend (vgl. 1.8).

	Ruhrgebiet	übriges NRW		Ruhrgebiet	übriges NRW
Fläche	4 437 km²	29 674 km²	BIP pro Einwohner (2012)	64 891 Euro	66 347 Euro
Einwohner (2014)	5 054 634	12 583 464	Arbeitslosenquote (2015)	10,5 %	6,8 %
Bevölkerungsdichte (2014, Ew. / km²)	1 139 Ew./km²	424 Ew./km²	Anteil der Beschäftigten im Prozuzierenden Gewerbe (2014)	28,0 %	26,7 %
Bevölkerungsbilanz 1961 – 2014	– 10,9 %	+22,9%	Durchschnittliches verfügbares Einkommen pro Einwohner (2012)	18 803 Euro	21 057 Euro
Anteil Ausländer an Gesamtbevölkerung (2014)	12,5 %	11,5 %	Pendler (2014)	54 %	41 %
Durchschnittsalter (2014)	44,8 Jahre	43,7 Jahre	Motorisierungsgrad Ew./ Pkw (2015)	2,0	1,8
Anteil der erwerbsfähigen Bevölkerung (18 – 65 Jahre, 2013)	43,7 %	47,7 %	Studenten (WS 2014 / 2015)	260 210	457 647
Anteil der über 65-Jährigen(2013)	21,5 %	20,0 %	Abiturienten (2014)	39,3 %	39,7 %
Wohnungsbestand je 100 Ew. (2014)	52,4	49,3	Ärzte in Krankenhäusern pro 10 000 Ew. (2013)	22,1	21,8
Fertiggestellte Wohnungen je 1000 Ew. (2000 – 2014)	26,9	40,4	Krankenhausbetten pro 1 000 Ew. (2013)	7,8	6,5
Bruttoinlandsprodukt (2012)	135 924 Mio. Euro	389 229 Mio. Euro	Tourismus: Übernachtungen pro 1 000 Ew. (2014)	1 462	3 232

M 2: *Statistische Kennzahlen des Ruhrgebiets (in den Grenzen des RVR) und des übrigen Nordrhein-Westfalens*

1.8 Regionalbewusstsein im Ruhrgebiet

Die über Jahrzehnte erfolgreich wirtschaftende Montanindustrie, aber dann auch deren Krise waren ehemals eine regionsweite Klammer, die das Regionalbewusstsein der Menschen positiv wie negativ prägte. Doch mittlerweile sind Ansätze zu beobachten, dass sich bei den Menschen neue Ruhrgebietsidentitäten herausbilden. Letztlich sind die Vielfalt, aber auch die Größe und Polyzentralität der Region prägend und haben ein räumliches Bewusstsein im Ruhrgebiet entstehen lassen, das heute sehr differenziert ist.

Das Ruhrgebiet war vor und während der montanindustriellen Phase geprägt durch eine Mischung der lokalen, konfessionellen und ethnischen Eigenarten seiner ansässigen Bewohner und der vielen Zuwanderer. Eine gemeinsame Identität entwickelte sich vor allem durch die Arbeit in der Montanindustrie, so dass sich diese deutlich von der rheinischen und westfälischen Umgebung abhob. Damit entwickelten vor allem die Arbeiter und ihre Familien eine verbindende Lebenswelt, die zum Beispiel durch Taubenzucht, Fußball, Trinkhallen, Vereine sowie eigene sprachliche Elemente („Ruhrdeutsch") gekennzeichnet war.

Mit dem Bedeutungsverlust der Montanindustrie verschwanden allerdings auch viele Grundlagen dieser Soziokultur. Zudem kratzte in den 1970er/80er-Jahren das negative Image der zu dieser Zeit krisengeschüttelten Montanindustrie am Regionalbewusstsein der Menschen. In Untersuchungen aus dieser Zeit wird deutlich, dass die Bewohner des Ruhrgebiets versuchten, dieses Negativimage der Gesamtregion von ihrem als positiv empfundenen eigenen Wohnort abzugrenzen, nach dem Motto: „Hier bei uns ist es ja noch schön, aber fahren sie mal ins westliche Ruhrgebiet." Zugleich konnte in diesen Untersuchungen gezeigt werden, dass die Menschen dieses negative Selbstbild abmilderten, indem sie in einem Vergleich zur Vergangenheit die Gegenwart entlasten, im Sinne von: „Im Vergleich zu früher ist das heute hier wie ein Kurort." Und in den Städten am Ruhrgebietsrand war regelrecht ein Abgrenzungsverhalten zu beobachten, indem eine Zugehörigkeit zur Region dementiert wurde.

Seit den 1990er-Jahren traten an die Stelle der das Regionalbewusstsein prägenden Montanindustrie vielfältige neue Entwicklungen. Im Bereich Natur und Landschaft werteten die Projekte des Emscher Landschaftsparks die Ruhrgebietsidentität auf und ehemals dreckige und belastete Standorte wie die Emscher und Industriebrachen wurden zu neuen Identifikationsorten. Beim Sport hatten insbesondere die Erfolge der Bundesliga-Mannschaften aus Gelsenkirchen (Schalke 04: UEFA-Cup-Sieg, DFB-Pokalsiege) und Dortmund (Borussia Dortmund: Champions-League-Sieg, DFB-Pokalsieg, mehrfacher Deutscher Meister) eine identitätsstiftende Funktion für die gesamte Region. Und die kulturelle Vielfalt der Region bekam durch die Auszeichnung als Kulturhauptstadt Europas ihre internationale Anerkennung, die die Menschen der Region ein Jahr lang mit Gästen zelebrierte.

Neben diesen übergeordneten regionalen Entwicklungen ist das räumliche Bewusstsein der Bewohner aber auch aufgrund der Größe der

„Tief im Westen,
wo die Sonne verstaubt,
ist es besser,
viel besser, als man glaubt!
Tief im Westen.
Du bist keine Schönheit,
vor Arbeit ganz grau!
Du liebst dich ohne Schminke,
bist 'ne ehrliche Haut,
leider total verbaut,
aber grade das macht dich aus."

„Bochum",
Herbert Grönemeyer

„Früher gab's hier nur Kohle,
früher war hier nur Stahl,
für die Zukunft kämpfen,
das ist für uns normal,
unser Blick geht nach vorne
aber auch mit Stolz zurück,
von uns wartet keiner auf sein
Glück."

Hymne des
MSV Duisburg

1. *Interpretieren Sie das in Songtexten zum Ausdruck gebrachte Regionalbewusstsein.*
2. *Erörtern Sie die Rolle der Medien für die Schaffung eines einheitlichen Regionalbewusstseins im Ruhrgebiet (M 2, S. 26).*
3. *Erläutern Sie das Regionalbewusstsein, das in der Region verbreitet ist, in der Sie leben.*

M 1: *Schlüsselereignis im Ruhrgebiet: Im gleichen Monat im Jahr 1997 gewann Borussia Dortmund die Champions-League und wurde Schalke 04 Uefa-Cup-Sieger.*

„An jenen Abenden im Mai 1997 veränderte das Ruhrgebiet sein Gesicht. Die Menschen schrien plötzlich nicht mehr „Pfui, Asche, Kohlenstaubigitt". Sie sangen „Ruhrpott, Ruhrpott". Ein Gefühl des Glücks und der Gemeinschaft triumphierte an jenen Abenden über ein Selbstwertgefühl, das jahrzehntelang durch niedere Klischees angekratzt war."

Sebastian Kisters,
Geograph in Bochum

Gesamtregion und der kleinräumigen Differenziertheit stark durch lokale Zusammenhänge gekennzeichnet. Hier sind die Bewohner der Region sehr pragmatisch ausgerichtet, indem sie zwischen den Maßstabsebenen lokal und regional wechseln und positive Entwicklungen der Region oder des Lokalraums besonders herausstellen, da sie so negative Entwicklungen ausblenden können. Ähnlich verhalten sich die Städte des Ruhrgebiets. Während Essen sich als Zentrum und Verwaltungsmittelpunkt der Region darstellt und somit die regionale Kooperation des Ruhrgebiets forciert, um damit wiederum an Bedeutung zu gewinnen, hält sich Duisburg mit der räumlichen Lage als Schnittstelle zwischen dem Ruhrgebiet und der Rheinschiene alle Optionen offen. Ebenso hebt Dortmund sich als Metropole Westfalens hervor, sieht sich aber auch als Bestandteil des Ruhrgebiets und engagiert sich zum Beispiel im Regionalverband Ruhr.

Diese lokale Vielfalt der Region dokumentiert sich auch in den Regionalmedien. Die Zeitungen des Ruhrgebiets haben keine überregionale Bedeutung und sind vor allem auf regionale und lokale Themen ausgerichtet. Ebenso ist es mit den Radio- und Fernsehprogrammen des Westdeutschen Rundfunks (WDR). „Regional-Fenster" decken die Teilbereiche des westlichen, zentralen und östlichen Ruhrgebiets ab.

Das eher gering ausgebildete Regionalbewusstsein der Menschen im Ruhrgebiet zeigt sich schließlich auch daran, dass es bis heute keine allgemein akzeptierte Eigenbezeichnung gibt. Die Ruhrgebietsbewohner benennen sich selbst am ehesten mit dem Namen ihrer Stadt, also zum Beispiel als Dortmunder, Essener oder Bottroper. Die Neuschöpfung „Ruhri" wird zwar von einzelnen Medien propagiert, hat sich aber nicht durchgesetzt und wurde durch die Verniedlichungsform oft auch als despektierlich empfunden.

M 2: Quellentext zur Bedeutung der Medien für das Regionalbewusstsein

Blotevogel, H.-H.: Ist das Ruhrgebiet eine Region? Vorbemerkungen zu einer aktuellen Debatte. (2000)

Eine Region wie das Ruhrgebiet mit mehreren Millionen Einwohnern ist von dem einzelnen nicht mehr überschaubar, nicht mehr durch eigene Erfahrung „erfahrbar", durch direkte interpersonale Kommunikation „vertraut". Es bedarf vielmehr technischer Medien, um regionale Gemeinsamkeiten historischer, sozialer, kultureller und wirtschaftlicher Art zu vermitteln. Die Inhalte der Zeitungen – und zwar im redaktionellen wie im Anzeigenteil – sind in sehr differenzierter Form auf die tatsächlichen beziehungsweise vermeintlichen Interessen der Verbreitungsgebiete ausgerichtet. [...]

Ein Bundesligaspiel zwischen Dortmund und Schalke ist in der WAZ beispielsweise ein „Revier-Derby". Dasselbe Spiel wird hingegen in den Dortmunder Ruhr-Nachrichten, die auch das Münsterland (...) beliefern, und in der Dortmunder Westfälischen Rundschau, die auch im südlichen Westfalen verbreitet ist, ein „Westfalen-Derby". Nicht nur die Auswahl der Ereignisse, über die im redaktionellen Teil berichtet wird [...], wirken regional selektiv, sondern unter Umständen auch die regionale Verortung bei der Berichterstattung über dieselben Ereignisse.

2 Das Ruhrgebiet als Wirtschaftsraum

Der Weg von der alles dominierenden Montanindustrie zu einem modernen Dienstleistungsstandort mit innovativen Industriebranchen war im Ruhrgebiet steinig und ist auch immer noch nicht abgeschlossen. Lange Zeit gingen mehr Industriearbeitsplätze verloren als neue im Dienstleistungssektor hinzugekommen sind. Die traditionsreichen Großunternehmen haben sich gewandelt, viele von ihnen stecken zurzeit aber wieder in krisenhaften Strukturen fest. Daneben hat sich eine Vielzahl neuer Unternehmen innovativer Branchen angesiedelt. Heute kennzeichnen den Wirtschaftsstandort neben modernen High- und Biotech-Start-Ups auch die Gesundheits-, Energie-, Freizeit- und Kulturindustrie und vor allem die Logistik.

2.1 Strukturwandel im Ruhrgebiet

Den Schritt in eine Zeit nach Bergbau und Schwerindustrie hat die Region Ruhrgebiet schon lange vollzogen. Doch weil die Veränderung der Wirtschaftsstruktur hier durch die vorherige monostrukturelle Ausrichtung auf die Montanindustrie so massiv war, wird der sektorale Wandel weiterhin als das prägende Ereignis für die wirtschaftliche Entwicklung des Ruhrgebiets angesehen. Mittlerweile sind die wirtschaftlichen Veränderungsprozesse allerdings auch hier viel differenzierter.

Regionaler Strukturwandel
Längerfristige Veränderung der sozioökonomischen Prägung eines Gebietes. Durch strukturpolitische Maßnahmen kann ein Strukturwandel in seiner Ausrichtung und Geschwindigkeit beeinflusst werden.

Primärer Sektor *(Urproduktion) = Produktgewinnung (Land- und Forstwirtschaft, Fischerei, Bergbau*)*

Sekundärer Sektor = *Produktverarbeitung (Industrie, Handwerk, Baugewerbe, Energiewirtschaft)*

Tertiärer Sektor = *Dienstleistungen (Handel, Verkehr, Logistik, Verwaltung, Bildung, Kommunikation, Wissenschaft, Beratung, Gesundheits- und Sozialwesen, Tourismus)*

** Der Bergbau wird gelegentlich auch dem sekundären Sektor zugeordnet.*

Im Zeitalter der Globalisierung herrscht zwischen Regionen ein globaler und nationaler Standortwettbewerb. Somit versuchen Regionen sich diesen immer schneller ändernden ökonomischen Entwicklungen anzupassen und der Wandel der wirtschaftlichen Struktur von Regionen müsste eigentlich zu einem kontinuierlichen Prozess werden. Die Entwicklung des Ruhrgebiets zeigt aber sehr deutlich, dass hier eine solche Anpassung an Anforderungen lange verpasst wurde. Man beharrte auf der Montanindustrie, deren Produkte andernorts deutlich günstiger angeboten werden konnten und verhinderte damit die Etablierung von innovativen, nachgefragten Produkten und Dienstleistungen.

Die Folge dieser fehlenden wirtschaftlichen Diversifizierung war eine Strukturkrise, die einen entsprechenden massiven ökonomischen Niedergang zur Folge hatte, der nach wie vor als prägendes Ereignis für das Ruhrgebiet angesehen wird. Denn erst nach diesem Zusammenbruch erfolgte die Anpassung an die im Standortwettbewerb nachgefragten Entwicklungen. Letztlich gelang – gefördert durch eine angemessene Strukturpolitik – ein erfolgreicher regionaler Strukturwandel.

Hintergründe dieser wirtschaftlichen Strukturwandlungsprozesse können in der Geographie zunächst allgemein mit der Theorie des sektoralen Wandels erklärt werden. Diese Theorie unterteilt die Wirtschaftsstruktur in den primären, den sekundären und den tertiären Sektor. Sie prognostizierte für das 20. Jahrhundert grundsätzlich den Wandel von einer Agrar-, über eine Industrie- zu einer Dienstleistungsgesellschaft, bei dem der Schwerpunkt der Wertschöpfung und Beschäftigung vom primären über den sekundären zum tertiären Sektor übergeht. Begründet wurde dies mit einem Wandel der Nachfrage im tertiären Sektor und der Steigerung der Produktivität im primären und sekundären Sektor. Dieser sektorale Wandel ist in Deutschland und im Ruhrgebiet tatsächlich eingetreten (M2).

Im 21. Jahrhundert ist die Wirtschaftsstruktur von Regionen unter den Bedingungen der Globalisierung nunmehr aber noch wesentlich differenzierter zu betrachten. Das Ruhrgebiet hat nach wie vor einen ausgeprägten produzierenden Sektor, der der Nachfrage entsprechend aber sehr diversifiziert ist (z. B. Maschinenbau,

M 1: *Chemiepark Marl*

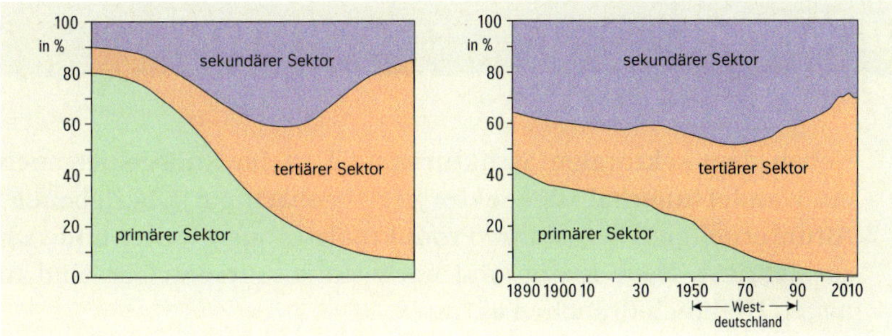

M 2: *Grundmodell des sektoralen Wandels nach Fourastié und Entwicklung der Beschäftigtenanteile der Wirtschaftssektoren in Deutschland (1882–2013)*

Chemie, Energietechnik). Diese Produktionsbereiche werden zukünftig durch Automatisierung, Robotorisierung und Technologisierung sich stetig weiterentwickeln und damit auch wieder neue Ansprüche an Standorte stellen und somit weiteren Strukturwandel erfordern.

Der Bereich der Dienstleistungen entwickelt sich ebenfalls sehr differenziert, sowohl in den einzelnen Bereichen der klassischen arbeitsintensiven Dienstleistungen (Handel, Verkehr, Gastronomie) als auch in den modernen humankapitalintensiven, wissensbasierten Dienstleistungen (Bildung, Gesundheitswesen, Finanz-/Versicherungsbranchen, Werbung, Beratung, Datenverarbeitung, Kultur/Unterhaltung). Auch die Dienstleistungsangebote werden sich durch Technologisierung und Robotorisierung weiterhin grundlegend verändern.

Die genannten Entwicklungen werden zukünftig nicht gleichmäßig die gesamte Region betreffen. Es wird innerhalb von Regionen im Sinne von Fragmentierungen unterschiedlich erfolgreiche Teilbereiche geben. So sind im gesamten Ruhrgebiet schon heute wirtschaftlich und demographisch prosperierende Stadtbereiche ebenso vertreten wie problembehaftete Stadtteile, die nur mit Hilfe von öffentlicher Unterstützung vor dem vollständigen Niedergang bewahrt werden. Dementsprechend gilt es, in einem andauernden Prozess sich den neuen ökonomischen Standortansprüchen anzupassen und entsprechend erforderliche Standortfaktoren zu nutzen.

Hinzu kommt, dass auch durch gesellschaftliche Wandlungsprozesse ein Strukturwandel ausgelöst werden kann. Beispielsweise ist aufgrund der Endlichkeit von fossilen Brennstoffen das weltweite Bemühen um alternative Energieerzeugung und -nutzung zu erkennen. Zudem streben hochentwickelte Staaten in diesem Zusammenhang anspruchsvolle Klimaziele an, sodass sich daraus ein schrittweiser Strukturwandel ergeben wird. Einerseits wird eine ökonomische Effizienz angestrebt, andererseits eine gesellschaftliche Verhaltensanpassung im Sinne einer allgemeinen Reduzierung des Ressourcenverbrauchs. Letztlich wird es um nachhaltiges Wirtschaften gehen, indem ein Leben im Einklang mit ökologischen und sozialen Erfordernissen angestrebt wird. Modellhaft ist hier die Industriestadt Bottrop, die mit dem Projekt „InnovationCity“ versucht, genau eine solche nachhaltige Strategie eines klimagerechten Stadtumbaus zu etablieren, indem die Lebensqualität weiter zunehmen soll und zugleich die CO_2-Emissionen halbiert werden sollen.

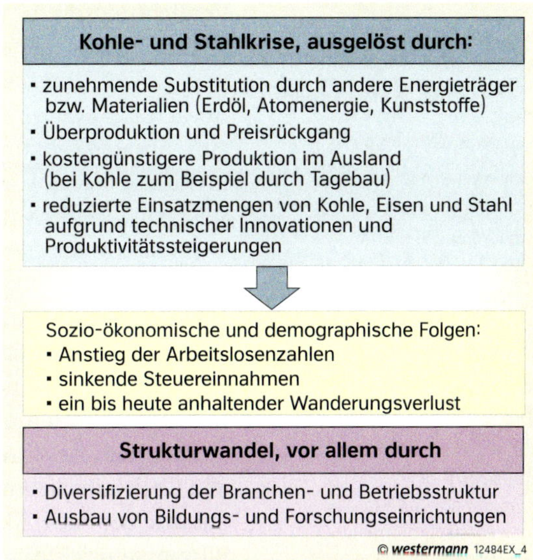

M 3: *Strukturwandel im Ruhrgebiet im Kontext der Kohle- und Stahlkrise*

„Halb noch in Rost und Schlacke gefangen, halb auf dem Sprung nach Übermorgen; keine zweite Region in Deutschland wandelt sich so radikal wie das Ruhrgebiet. Zwischen Trümmern der alten Industrie blühen Hightech-Betriebe und Forschungslabors.“

Wirtschaftswoche 1989

1. *Erläutern Sie die Notwendigkeit eines Strukturwandels im Ruhrgebiet auf Grundlage der Überlegungen von Fourastié (M 2).*
2. *Diskutieren Sie die Besonderheiten des Strukturwandels im Ruhrgebiet im Vergleich zu anderen Regionen.*

2.2 Industrie im Wandel

Neben dem sektoralen Strukturwandel ist im Ruhrgebiet auch ein Wandel innerhalb der Sektoren zu beobachten. „Überlebende“ Altunternehmen haben ihre Produktpalette ausgeweitet und sich spezialisiert. Neue kleine und mittelständische Betriebe sind in neuen Hightech-Branchen aktiv.

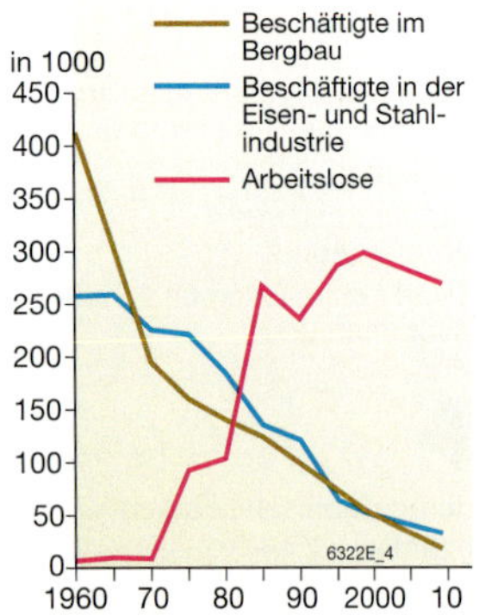

M 1: *Beschäftigte im Montanbereich und Arbeitslose im Ruhrgebiet*

Verdichtungsräume wie das Ruhrgebiet bieten Industrieunternehmen eine Menge Standortvorteile. Hier konzentrieren sich potenzielle Arbeitskräfte und andere Unternehmen, mit denen Verflechtungen möglich sind. Der Absatzmarkt ist groß, und die Transportkosten sind aufgrund der Nähe zum Absatzmarkt und guter Infrastruktur niedrig. Dass der Industriesektor im Ruhrgebiet trotz der guten Standortbedingungen in die Krise geriet, lässt sich grundsätzlich mit der monostrukturellen Ausrichtung auf die Montanindustrie und der globalen Krise dieses Wirtschaftsbereich verbunden mit den teuren hiesigen Produktionsbedingungen erklären. Doch nicht allein die Konzentration von Unternehmen eines Wirtschaftsbereichs, sondern noch eine Reihe weiterer Faktoren machten den Strukturwandel im Ruhrgebiet so besonders schwierig. Die Akteure der Montanindustrie waren Großunternehmen mit jeweils Zehntausenden von Arbeitern. Weitere Arbeitskräfte waren in Zulieferunternehmen beschäftigt, die stark von den Großunternehmen abhängig waren. Es fehlte fast vollständig ein Mittelstand mit Flexibilität und unternehmerischer Risikobereitschaft. Auch Bildungseinrichtungen, die einen innovationsfreudigen Nachwuchs ausbilden, waren kaum vorhanden. Erst 1964 wurde mit der Ruhr-Universität Bochum die erste Hochschule im Ruhrgebiet gegründet und danach das Hochschulsystem stetig weiterentwickelt (vgl. 2.3.1). Das schlechte Image und das oftmals wenig kooperative Verhalten der einzelnen Städte machten das Ruhrgebiet für neue Unternehmen zudem wenig attraktiv.

Hinzu kam, dass die Großunternehmen der Montanindustrie die Ansiedlung von Unternehmen anderer Branchen verhinderten, weil sie die Konkurrenz um qualifizierte Arbeitskräfte fürchteten. Da ihnen große Flächen gehörten (ca. 30 % des Ruhrgebiets) konnten sie über viele Jahre eine „Bodensperre“ ausüben. Dadurch wurden ansiedelungswillige Industrieunternehmen der nächsten Technologiegenerationen, vor allem der Elektro- und Automobilindustrie, zum Teil auch der Chemieindustrie (z. B. Ford, VW, Schering), aus der Region ferngehalten. Einziges je realisiertes Großprojekt in den frühen Krisenjahren war die Ansiedlung von Opel in Bochum. Andere Unternehmen kamen südlich des Ruhrgebiets unter (Köln: Ford; Jülich: Kernkraft; Leverkusen: Chemie). So verpasste das Ruhrgebiet die zeittypische innerindustrielle Modernisierungsentwicklung (M 2). Stattdessen wurde die Montanindustrie mit staatlichen Subventionen lange Zeit am Leben erhalten, da sie aufgrund der hohen Zahl gefährdeter Arbeitsplätze einen hohen Druck auf die Politik ausüben konnte. Die verbliebenen und zum Teil fusionierten Großkonzerne des Ruhrgebiets wie ThyssenKrupp (vgl. 2.2.1) haben mittlerweile reagiert und sich von der Massenproduktion billiger Stähle verabschiedet. Stattdessen produzieren sie heute hochwertige Stähle und Folgeprodukte.

Montanindustrielle Altlasten

Ein weiteres Problem, das die Ansiedlung neuer Unternehmen im Ruhrgebiet erschwert, sind die industriellen Altlasten. Auf den ehemaligen Montanstandorten sind viele Böden mit Giftstoffen aus dem Produktionsprozess belastet und mit sehr kostspielig zu entsorgenden Industriebauten auf Stahlbetonfundamenten versehen. Auch von den vielerorts drohenden Bergsenkungen (vgl. 6.1) gehen weitflächige Nutzungsbeeinträchtigungen aus.

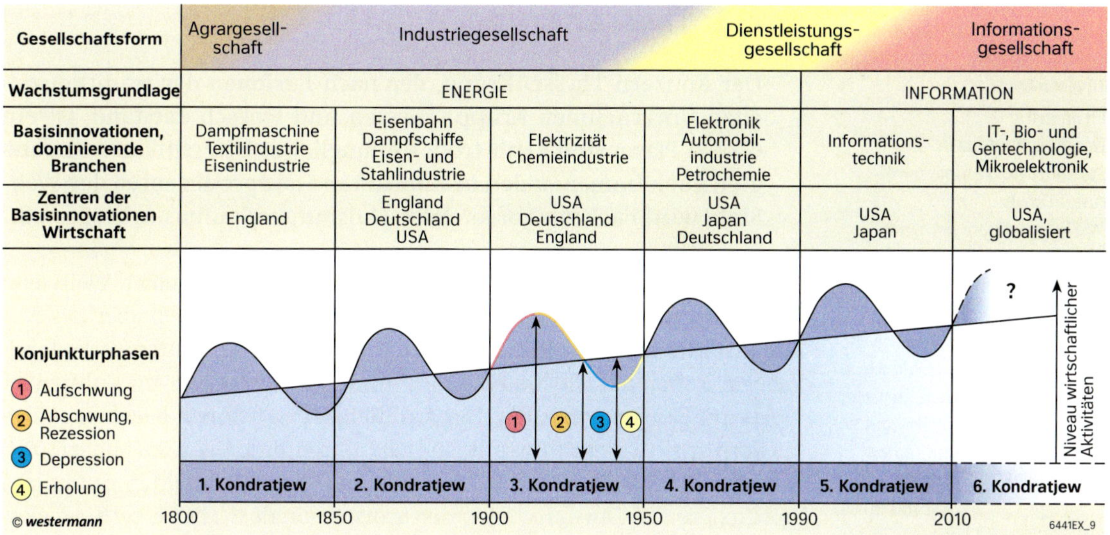

M 2: *Zyklen („Wellen") der Wirtschaftsentwicklung nach Kondratjew*

Nachdem die „dritte und vierte Kondratjew-Welle" im Ruhrgebiet „verschlafen" wurden, konnte es Ende der 1980er-Jahre auf die fünfte Welle der Informationstechnik aufspringen und sich in jüngerer Zeit auch der Biotechnik und Mikroelektronik zuwenden. Eine veränderte Strukturpolitik hatte die Weichen gestellt, eine Neu-Industrialisierung zumindest in vielversprechenden Ansätzen umzusetzen und eine vollständige Deindustrialisierung zu verhindern. Hierzu trugen vor allem die neuen Hochschul- und Forschungseinrichtungen bei, aus denen heraus viele kleine innovative Unternehmen gegründet wurden (M3). So entstanden – gefördert auch von den alten Großunternehmen – erste Hightech-Cluster wie etwa in Dortmund (vgl. 2.2.2), wo man sich besonders auf Zukunftstechnologien wie Logistik, Mikrosystemtechnik, Informationstechnologie und Biomedizin konzentrierte. So haben sich langsam auch mittelständische Unternehmen einen Platz im Ruhrgebiet erobert, wenn auch immer noch die großen Unternehmen dominieren. Hier sind neben der Stahlindustrie in Duisburg (ThyssenKrupp) vor allem die Energie- (RWE, Evonik, Ruhrgas) und die Chemiewirtschaft (Degussa: Chemiepark Marl) zu nennen. Trotz grundsätzlich positiver Entwicklungen haben es die Nachfolgeindustrien allerdings nicht geschafft, den Beschäftigungsabbau im Industriesektor zu stoppen.

1. *Beschreiben Sie die Zyklen der Wirtschaftsentwicklung nach Kondratjew.*
2. *Erläutern Sie die Notwendigkeit und die Ziele des Strukturwandels im Ruhrgebiet auf Grundlage der Zyklen der Wirtschaftsentwicklung nach Kondratjew.*

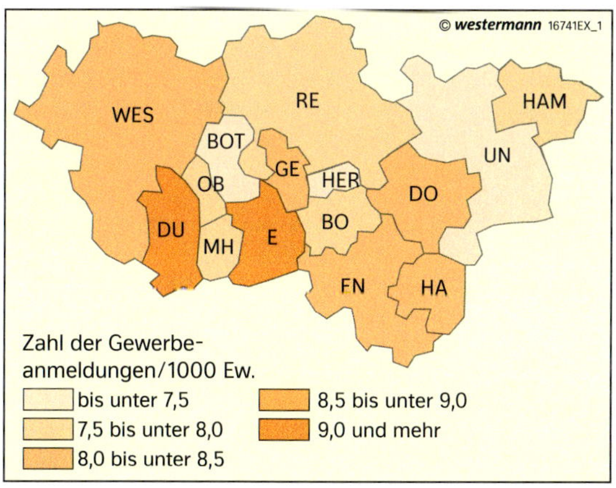

M 3: *Gewerbeanmeldungen (2014)*

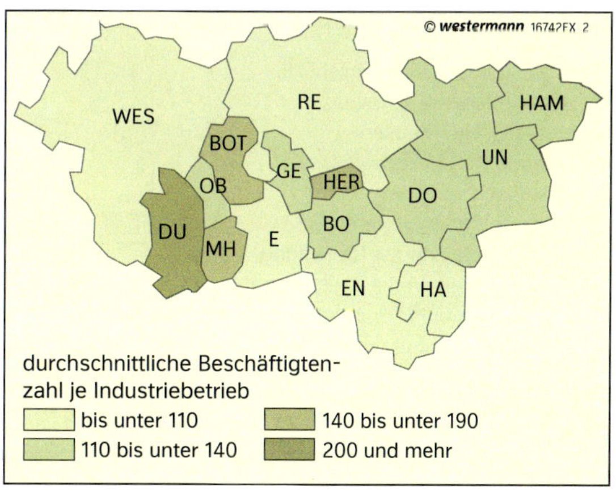

M 4: *Beschäftigte je Industriebetrieb (2014)*

2.2.1 ThyssenKrupp

ThyssenKrupp
Firmensitz:
Duisburg und Essen
Standort der Hauptverwaltung: Essen
Wichtige weitere deutsche Standorte des Unternehmens: Dortmund, Bochum, Düsseldorf, Hamburg, Kiel
Mitarbeiter: 155 900 weltweit, davon 39 % in Deutschland, 19% im europäischen Ausland, 13,7 % in Nordamerika und 17,4 % in China und Indien
Umsatz: 41,3 Mrd. Euro
(Stand 2015)

Der Konzern ThyssenKrupp, der nach Fusionen der traditionsreichen Unternehmen Krupp, Thyssen und Hoesch entstand, ist ein Global Player und zählt trotz umfänglicher Diversifikationsstrategien noch immer zu den bekanntesten Stahlproduzenten der Welt. Stahl wird nach wie vor auch am Duisburger Stammsitz hergestellt.

Eisen und Stahl prägten bis in die 1980er Jahre das Ruhrgebiet. Weltweite Überkapazitäten bei hohen Produktionskosten bedeuteten aber das Aus für fast alle Hüttenwerke. Lediglich ein integrierter Hüttenwerksstandort mit Kokereien, Hochöfen, Stahl- und Walzwerken ist im Ruhrgebiet noch mit Duisburg existent. Der aus mehreren Fusionen hervorgegangene Konzern ThyssenKrupp mit einer Stahlproduktion von 8,8 Mio. t (2014) ist der mit Abstand größte Stahlproduzent Deutschlands (M 2). Außerdem produzieren in Duisburg auch der transnationale Stahlkonzern Arcelor-Mittal und die Hüttenwerke Krupp Mannesmann (HKM), an denen ThyssenKrupp ein 50%-ige Beteiligung hält. So ist Duisburg mit einer Stahlproduktion von insgesamt 14,9 Mio. t (2014) der größte Stahlstandort Europas.

M 1: *Neuer Hochofen in Duisburg*

Um im Stahlgeschäft profitabel zu bleiben, konzentriert sich ThyssenKrupp auf hochwertigen Qualitätsflachstahl, der vor allem in der Automobilproduktion Verwendung findet. Nach überaus verlustreichen Investitionen in Brasilien und den USA hat sich ThyssenKrupp als ein diversifizierter Industriekonzern mit der Ausweisung von sechs Geschäftsfeldern (M 3) neu aufgestellt. Die Geschäftschancen des Konzerns werden klar in qualitativ sehr hochwertigen Ingenieursprodukten wie Werkstoffe und Industriegüter gesehen, die hohe Umweltstandards erfüllen (M 4). Die Ausrichtung ist dabei weltweit – mit besonderem Fokus auf die Wachstumsmärkte in Asien, Südamerika und den USA. Mittlerweile dominiert die Industriegüter-Produktion nebst verwandter Dienstleistungen klar den Geschäftsalltag des Konzerns; der stahlproduzierende Geschäftsbereich hat lediglich noch einen Anteil am Umsatz von etwa einem Drittel (M 3).

© westermann 6321EX_4

	1964	1990	2014
Anzahl Gesellschaften	*13*	*4*	*3*
Anteil an der deutschen Stahlproduktion (%)	*65*	*56*	*35*
	Mio. t	Mio. t	Mio. t
August Thyssen Hütte (Duisburg)	4,3		
Phoenix-Rheinrohr (Duisburg)	3,5	Thyssen Stahl (Duisburg)	ArcelorMittal (Duisburg)
Hüttenwerk Oberhausen	2,3	10,9	1,0
Rheinstahl Hüttenwerke (Essen)	0,9		
Gussstahlwerke Witten	0,4		
Dortmund-Hörder Hüttenunion	2,8	Hoesch Stahl (Dortmund)	Thyssen Krupp Steel (Duisburg)
Hoesch Westfalenhütte (Dortmund)	2,7	4,1	8,8
Hütten- und Bergwerke Rheinhausen	2,2	Krupp Stahl (Rheinhausen)	einschl. Produktionsanteil HKM
Bochumer Verein für Gussstahlfabrikation	1,7	3,0	
Stahlwerke Südwestfalen (Geisweid)	0,5		
Hüttenwerke Siegerland (Siegen)	0,4		
Mannesmann	2,5	HKM (Duisburg)	HKM (Duisburg)
Stahl- und Röhrenwerke Reisholz	0,2	3,6	5,1
Gesamt	24,4	21,6	14,9

M 2: *Konzentration der Stahlproduktion im Ruhrgebiet*

Geschäftsfelder	Components Technology	Elevator Technology	Industrial Solutions	Material Services	Steel Europe	Steel Americas
Umsatz (in Mrd. Euro)	6,1	6,4	6,2	13,7	17,3	2,1
Mitarbeiter	28 900	50 300	18 500	30 300	26 200	3 500
Aktivitäten	Herstellung von einbaufähigen Komponenten wie z. B. Kurbelwellen, Lenksäulen und Motorenteile für PKW bis hin zu Produktion von Großwälzlagern für Windkraftanlagen	Komplette Produktionspalette für Personentransportsysteme (z.B. Aufzüge, Rolltreppen oder Fahrgastbrücken)	Spezial- und Großanlagen-Planung für z.B. Raffinerien, die Chemieindustrie oder den Schiffbau	Weltweiter Handel von Werk- und Rohstoffen sowie entsprechender Dienstleistungen für Unternehmen	Produktion, Weiterverarbeitung und Vermarktung von Qualtitätsflachstählen	Produktion, Weiterverarbeitung und Vermarktung hochwertiger Qualitätsstähle in Brasilien und den USA

M3: *Geschäftsfelder der ThyssenKrupp AG (Daten: Geschäftsbericht 2014/15)*

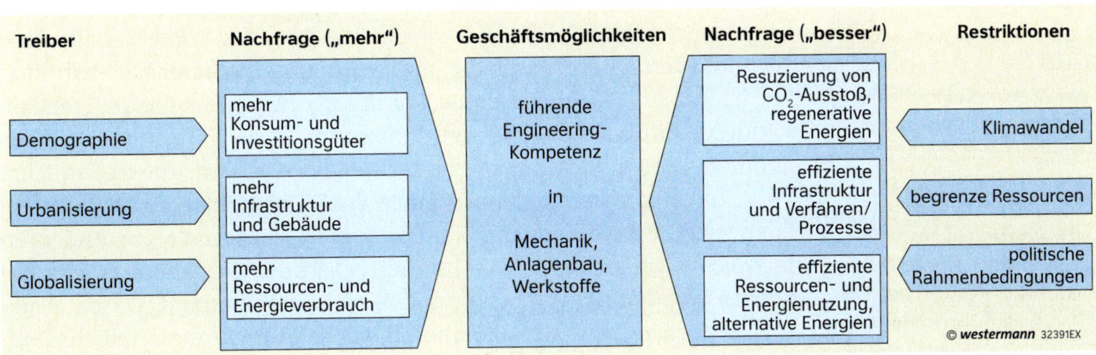

M4: *Geschäftsstrategie der ThyssenKrupp AG im Kontext globaler Prozesse*

Der Stahlstandort Duisburg wird von ThyssenKrupp dennoch seit Jahren mit erheblichen Investitionen modernisiert. 2003 wurde mit 800 Mio. Euro die Kokerei modernisiert, die den Koksbedarf der Hochöfen sicherstellt. Glutrot angestrichen sticht der 2008 von ThyssenKrupp in Bruckhausen für 250 Mio. Euro am alten Standort neu gebaute Hochofen ins Auge (M 1), mit dem der Energieaufwand je Tonne gefertigten Stahl erheblich reduziert werden konnte. Das hier erschmolzene Roheisen wird in den ebenfalls im Duisburger Norden gelegenen Stahlwerken zu Stahl weiterverarbeitet und in Stranggießanlagen auf Maße gegossen, die eine Weiterverarbeitung ermöglichen. Prozesse der Oberflächenveredelung (z. B. Feuerverzinkung für rostfreie Autokarosserien-Teile) finden ebenfalls am Standort Duisburg statt (M 5). Etwa 18 000 Arbeitsplätze in Duisburg werden unmittelbar von der Eisen- und Stahlindustrie generiert.

ThyssenKrupp ist aber auch ein Unternehmen des quartären Sektors. Die ebenfalls in Duisburg (und Dortmund) ansässige Werkstoffforschung optimiert Stähle für Automobile zum Beispiel mit Blick auf ihre Crash-Eigenschaften oder den Kraftstoffverbrauch. Federführender industrieller Partner bei dem an der Universität Bochum angesiedelten Interdisciplinary Center for Advanced Materials Simulation (ICAMS) ist ThyssenKrupp. ICAMS soll neue Materialeigenschaften am Rechner modellieren und durch Anwendungssimulationen überprüfen.

M 5: *Herstellung von hochfesten, extrem dünnen Feinblechen für den Automobilbau im Walzwerk Duisburg-Beeckerwerth*

1. *Analysieren Sie Chancen und Risiken für den Stahlstandort Duisburg.*
2. *Erläutern Sie die Ausweisung der ThyssenKrupp AG als Global Player.*

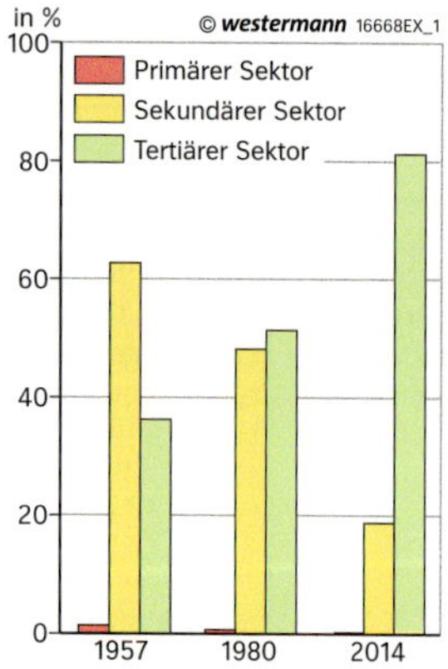

M 1: *Beschäftigtenstruktur in Dortmund*

2.2.2 Hightech-Cluster in Dortmund

Dortmund hat sich von einem Zentrum der Montanindustrie zu einem bedeutenden Wissenschaftsstandort gewandelt. In diesem Prozess hat das „dortmund-project" die Etablierung eines Hightech-Clusters ermöglicht.

Dortmund hatte zielstrebiger als andere Städte des Ruhrgebiets den Wandel von einer einseitig ausgerichteten Industriestadt hin zu einem vielfältigen Dienstleistungs-, Wissenschafts- und Technologiestandort angestrebt. So übernahm Dortmund bereits seit den 1960er-Jahren in den Bereichen Versicherungs- und Bankwesen sowie Groß- und Einzelhandel die Funktion einer westfälischen „Dienstleistungsmetropole" und profitierte dabei von seinem großen Einzugsgebiet und der günstigen Lage zwischen Sauerland und Münsterland. Hervorzuheben für die heutige wirtschaftliche Entwicklung Dortmunds ist die Stärkung des Wissenschafts- und Technologiestandorts durch die seit 1985 in unmittelbarer Nachbarschaft von Universität, Fachhochschule, Fraunhofer-Instituten und anderen Forschungsinstituten entstandenen Ansiedlungen von Technologieunternehmen. Die Entwicklung dieser Technologiestandorte, die in ähnlicher Weise auch in vielen anderen Städten des Ruhrgebiets, Nordrhein-Westfalens und Deutschlands entstanden, kann in Dortmund als besonders erfolgreich bewertet werden, da für diesen Technologiestandort ein breiter Konsens von Politik, Wirtschaft und Wissenschaft bestand.

Die nächste Stufe der ökonomischen Neuausrichtung erreichte Dortmund durch das „dortmund-project". Im Jahr 1997 einigten sich die Landesregierung, die Stahlkonzerne Krupp-Hoesch und Thyssen sowie die Städte Dortmund, Duisburg und die Gewerkschaften darauf, dass die Stahlunternehmen zu ThyssenKrupp fusionierten und dass die Roheisenproduktion zukünftig nur noch in Duisburg stattfindet, da dort mit dem Rhein wesentlich bessere Standortfaktoren herrschen als in Dortmund. Im Gegenzug verpflichtete sich ThyssenKrupp, für Dortmund eine Strategie für die zukünftige wirtschaftliche Entwicklung zu etablieren, das „dortmund-project". So entstanden in Dortmund Cluster der Branchen Software, Informationstechnologie (IT) und E-Commerce, Mikrosystemtechnik (MST), Biotechnologie sowie Logistik. Unterstützt durch circa 200 Millionen Euro Fördergelder von EU, Bund und Land wurden mit diesem Wirtschaftsförderungsprogramm zukunftsfeste Branchen dauerhaft angesiedelt und damit ein Ersatz für die weggefallenen Arbeitsplätze geschaffen.

Als Folge dieses „dormund-projects" konnte sich der rund um das Dortmunder TechnologieZentrum entstandene Technologie-Park zu einem der erfolgreichsten Standorte der IT-, MST- und Biomedizinbranche in Deutschland entwickeln (vgl. 2.3.1). Im Jahr 2015 arbeiteten in rund 280 Hightech-Unternehmen an diesem Standort mehr als 8 500 Beschäftigte. Seit 2001 wurde der Technologie-Park durch das über 200 Hektar große Phoenix-Gelände in Dortmund Hörde erweitert (vgl. 5.2.2). Und auf einem 55 ha großen

Cluster

Unter einem regionalen Cluster versteht man ein Netzwerk von vertikal und horizontal verflochtenen, spezialisierten Unternehmen, Forschungseinrichtungen und weiteren Institutionen, die ihre Standorte in räumlicher Nähe haben. Cluster erhöhen durch ihre Offenheit, durch die Nähe der Unternehmen und die damit verbundenen Möglichkeiten der intensiven Kommunikation und des Wettbewerbs die Produktivität und Innovationskraft. Eine besondere Rolle beim Auf- und Ausbau eines regionalen Clusters bilden Universitäten und andere Forschungseinrichtungen. Cluster üben eine Magnetwirkung auf weitere Unternehmen der Branche, auf Zulieferindustrien und hochqualifizierte Arbeitskräfte aus.

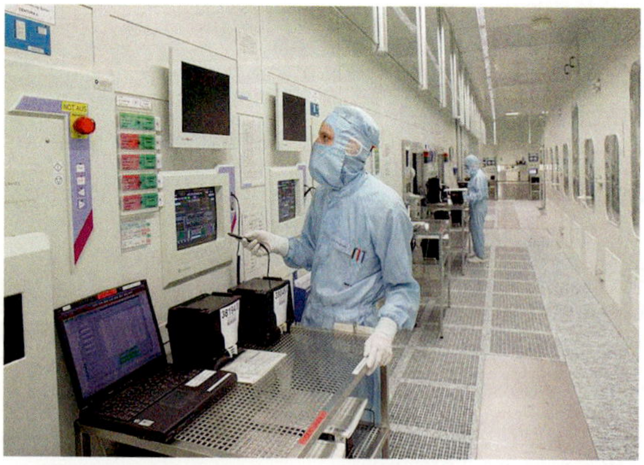

M 2: *Arbeitsplätze in einem Dortmunder MST-Unternehmen*

M 3: *Technologie-Park Dortmund*

Fachkräfte	Netzwerk von Partnern
• insgesamt über 6200 Studierende in den IT-Studiengängen in Dortmund • 50000 Studierende naturwissenschaftlich-technischer Studiengänge im Umkreis von 100 Kilometer	• 800 IT-Unternehmen in Dortmund • Experten-Netzwerk für Gründer und junge Unternehmen
Know-how	**Unterstützung vor Ort**
• Uni Dortmund Fachbereich Informatik • Fachhochschule Dortmund Fachbereich Informatik • IT-Center Dortmund • Fraunhofer Institut für Materialfluss und Logistik • Fraunhofer Institut für Software- und Systemtechnik • Forschungsinstitut für Telekommunikation	• TechnologieZentrum Dortmund und TechnologiePark Dortmund • weitere branchenspezifische Standorte wie Stadtkrone Ost und Phoenix West • Locate IT: Unterstützung ausländischer Unternehmen bei der Ansiedlung • Start2grow-Gründungswettbewerb und Wachstumsinitiative

M 4: *IT-Cluster in Dortmund*

und citynah gelegenen ehemaligen Kasernen-Gelände (Stadtkrone Ost) fanden zahlreiche Unternehmen des Electronic und Mobile Business in neuen Gebäuden ihren Standort. Schließlich wurden hier im Sinne einer Reurbanisierung neue hochwertige Wohngebiete entwickelt. Das heißt, die wirtschaftliche Neustrukturierung ging mit einer städtebaulichen Erneuerung der großen Brachflächen einher.

80 000 Jobs hat Dortmund durch den Wegfall der Montanindustrie seit 1960 verloren. Die Erwerbstätigkeit sank von 1970, dem wirtschaftlich stärksten Jahr Dortmunds nach dem Zweiten Weltkrieg, von circa 275 000 auf 225 000 im Jahr 1999. Mit inzwischen 315 000 Erwerbstätigen (Stand 2013) hat das dortmund-project geholfen, den Wegfall vieler Arbeitsplätze aufzufangen und bis zum Abschluss des Projekts im Jahr 2010 zahlreiche neue Technologiebranchen in Dortmund zu etablieren. Zwar konnten damit nicht alle weggefallenen Industriearbeitsplätze substituiert werden, doch das Bruttoinlandsprodukt pro Erwerbstätigen und der Anteil von Arbeitsplätzen in Zukunftsbranchen stiegen in Dortmund schneller als in anderen deutschen Städten. Dementsprechend kann das Hightech-Cluster in Dortmund als Erfolg bewertet werden. Insgesamt hatten 2010 in Dortmund 800 IT-Firmen, 831 Logistikunternehmen und 45 Mikro- und Nanotechnologiefirmen ihren Sitz.

	1999	2001	2003	2005	2008	2010
MST-Unternehmen	8	15	24	30	43	45
MST-Beschäftigte	925	1216	1575	1854	2300	2275

M 5: *Entwicklung der MST-Branche in Dortmund*

1. *Analysieren Sie die Entwicklungen des Technologiestandortes Dortmund.*
2. *Erörtern Sie die Folgen der Standortentscheidungen der Montanindustrie für den wirtschaftlichen Strukturwandel in Duisburg und Dortmund.*

2.3 Wandel zur Dienstleistungsgesellschaft

Als Beleg für Erfolge eines Strukturwandels im Ruhrgebiet weg von einer montanindustriellen Prägung hin zu einer modernen Dienstleistungsgesellschaft wird gerne auf mittlerweile hohe Beschäftigtenanteile im Dienstleistungssektor verwiesen. Entsprechende Besatzziffern deuten jedoch auf einen immer noch existenten Entwicklungsrückstand des Ruhrgebiets hin.

Traditionell hatte der Dienstleistungssektor im durch Kohle und Stahl geprägten Ruhrgebiet eine geringere Bedeutung. Im Jahr 1950 entfielen im Ruhrgebiet nicht einmal 32 Prozent der Arbeitsplätze auf den tertiären Sektor, während es im Bundesdurchschnitt bereits 41 Prozent waren. Doch schon in den 1960er-Jahren führten Veränderungen in der Erwerbsstruktur des Ruhrgebiets dazu, dass sich der Beschäftigtenanteil des tertiären Sektors dem landesweiten Durchschnittswert annäherte. So lag 1961 der Beschäftigtenanteil im Dienstleistungssektor mit 38 Prozent nur noch fünf Prozentpunkte unter dem entsprechenden Anteilswert des Bundesgebietes. Dieser Trend setzte sich in den 1970er- und 1980er-Jahren fort. Der Beschäftigtenanteil des tertiären Sektors erreichte dann ab Mitte der 1990er-Jahre sogar höhere Werte als der entsprechende Referenzwert in Deutschland (M 1).

Inzwischen ist es auch in einzelnen stark montanindustriell geprägten Kommunen des Ruhrgebiets zu einer Angleichung des Anteils der Beschäftigten im Dienstleistungssektor gekommen (M 2). Während in Essen, dem bedeutsamsten Dienstleistungsstandort des Ruhrgebiets, bereits 1978 mit 55 Prozent der überwiegende Teil der Beschäftigten einer Tätigkeit im Dienstleistungssektor nachging, lag der Beschäftigtenanteil dieses Wirtschaftssektors in der industriell geprägten Stadt Oberhausen 1978 nur bei 39 Prozent. Im Jahr 2007 hingegen weist Oberhausen mit 73 Prozent einen Beschäftigtenanteil im Dienstleistungssektor auf, der innerhalb des Ruhrgebiets nur noch von Dortmund (79 %) und Essen (78 %) übertroffen wird. Dies legt nahe, dass im Ruhrgebiet in den letzten Jahren der Strukturwandel hin zu einer modernen Dienstleistungsgesellschaft gelungen ist (vgl. 2.1).

Tatsächlich aber ist die Angleichung des Beschäftigtenanteils des tertiären Sektors im Ruhrgebiet an die Verhältnisse im Bundesgebiet nicht primär auf ein überdurchschnittliches Wachstum des Dienstleistungssektors zurückzuführen. Vielmehr resultiert diese Entwicklung aus der relativen Schwäche des industriellen Sektors. Dies lässt sich am Beispiel der Stadt Duisburg gut veranschaulichen. In Duisburg erhöhte sich der Anteil der Beschäftigten im Dienstleistungssektor zwischen 1978 bis 2007 recht deutlich von 38 auf 67 Prozent, obwohl die Zahl der Beschäftigten im Dienstleistungssektor in diesem Zeitraum lediglich von 87 359 auf

1. *Vergleichen Sie die Aussagekraft von Besatzziffern zum tertiären Sektor mit Angaben zu relativen Beschäftigtenanteilen, um einen Tertiärisierungsprozess zu kennzeichnen.*
2. *Erläutern Sie die Aussage „Das Ruhrgebiet kann einerseits nicht mehr als Industrieregion bezeichnet werden, andererseits hinkt das Ruhrgebiet im Wandel hin zu einer Dienstleistungsregion der gesamtdeutschen Entwicklung hinterher".*

	1980	1985	1990	1995	2005	2014
Ruhrgebiet	44,1	47,4	51,0	57,4	69,5	74,2
NRW ohne Ruhrgebiet	46,4	49,3	51,1	56,1	65,8	70,2
NRW	45,7	48,7	51,1	56,4	66,8	71,2
Frühere Bundesgebiet	47,3	50,3	52,2	57,1	63,7	70,2

M 1: *Beschäftigtenanteile des tertiären Sektors*

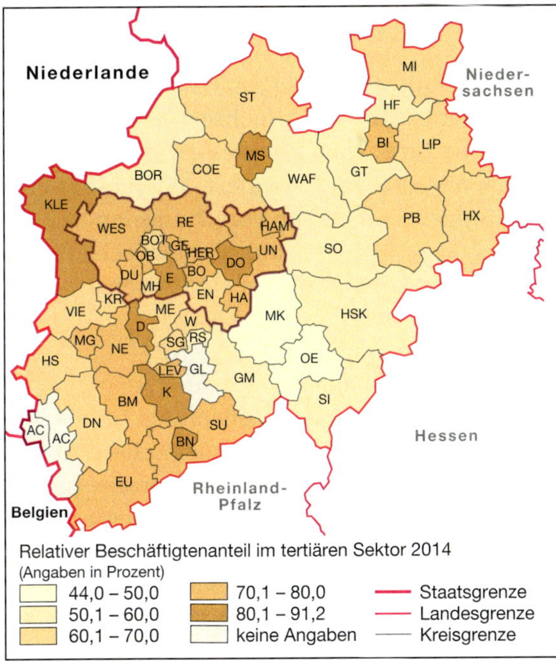

M 2: *Beschäftigtenanteile des tertiären Sektors in den Kommunen Nordrhein-Westfalens (2014)*

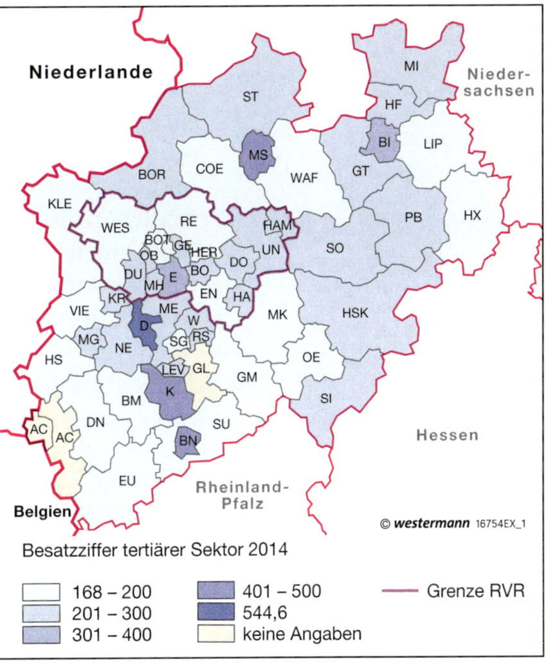

M 3: *Besatzziffern des tertiären Sektors in den Kommunen Nordrhein-Westfalens (2014)*

101 676 zunahm. Ausschlaggebend für die auf den ersten Blick hoch erscheinende relative Bedeutungszunahme des Dienstleistungssektors war, dass im gleichen Zeitraum 90 285 Arbeitsplätze im industriellen Sektor verloren gingen. Diese dramatischen Arbeitsplatzverluste konnten durch den Zuwachs von lediglich 21 321 Dienstleistungsarbeitsplätzen bei weitem nicht ausgeglichen werden. Die in den relativen Zahlen erscheinende Stärke des tertiären Sektors resultiert primär aus der Schwäche des sekundären Wirtschaftssektors.

Damit wird deutlich, dass relative Angaben von Beschäftigtenanteilen in Wirtschaftssektoren nur bedingt als Indikator für eine wirtschaftliche Entwicklung geeignet sind. Für eine Analyse des Tertiärisierungsprozesses sollten deshalb Besatzziffern verwendet werden. Vergleichende Auswertungen zur Entwicklung der Besatzziffer im tertiären Sektor (M 4) dokumentieren, dass es bezogen auf das gesamte Ruhrgebiet im Zeitraum 1980 bis 2014 zu einer ersten Annäherung des Dienstleistungsbesatzes an den Bundesdurchschnitt gekommen ist, auch wenn der Beschäftigtenbesatz im tertiären Sektor auch im Ruhrgebiet von 144 auf 235 je 1 000 Einwohner angestiegen ist. Gleichwohl hat das Ruhrgebiet mit Dortmund und Essen auch überregional bedeutsame Dienstleistungszentren (M 3).

Besatzziffer
Zahl der Beschäftigten in den einzelnen Wirtschaftssektoren im Verhältnis zur Einwohnerzahl

	Beschäftigte je 1000 Einwohner						Index (D = 100)		
	Bundesgebiet			Ruhrgebiet			Ruhrgebiet		
	1980	1998	2014	1980	1998	2014	1980	1998	2014
Produzierendes Gewerbe	137,1	132,0	109,2	182,7	113,2	77,8	133,2	85,8	71,3
Alle Dienstleistungen	168,7	277,2	262,5	144,0	174,7	235,1	85,4	63,0	89,6
Beschäftigte insgesamt	309,5	330,7	370,7	326,7	287,9	316,3	96,0	87,0	85,3

M 4: *Beschäftigtenbesatz im Ruhrgebiet und Deutschland aufgeschlüsselt nach Wirtschaftssektoren*

2.3.1 Wissen als Standortfaktor

Ein dichtes Wissenschafts- und Forschungsnetzwerk liegt heute verteilt über der Region, denn zahlreiche Hochschulen, Fachhochschulen und außeruniversitäre Forschungseinrichtungen sind im gesamten Ruhrgebiet verortet und etabliert. Wissensbasierte Branchen profitieren doppelt von dieser Forschungslandschaft: Zum einen werden hier in großer Anzahl akademische Nachwuchskräfte ausgebildet, zum anderen findet ein Wissenstransfer von der Forschung in die Praxis statt.

Bildungsblockade

Bei der Gründung von Hochschulen und der Etablierung universitärer Bildung klammerte Preußen im 19. Jahrhundert das Ruhrgebiet bewusst komplett aus. Man fürchtete eine unheilvolle aufständische Entwicklung, wenn eine möglicherweise unzufriedene Arbeiterschaft auf das freiheitliche Denken der Universitäten träfe.

Noch lange nach der Hochphase der Industrialisierung hatten Bildung und Forschung im Ruhrgebiet keine besondere Bedeutung. Landespolitisch wurde erst in den 1960er-Jahren erkannt, dass die monostrukturelle Ausrichtung auf die Montanindustrie nicht zukunftsgerecht ist und dass neue Technologien und neue Branchen etabliert werden müssen. Diese benötigen ein entsprechend ausgebildetes Arbeitskräftereservoir und damit wurde das Fehlen von angemessenen Ausbildungseinrichtungen deutlich. Zum Abbau dieses Mangels wurden ab den 1960er-Jahren zahlreiche Universitäten und Fachhochschulen im Ruhrgebiet gegründet (M1, M3). Heute gibt es neben der Ruhr-Universität Bochum, der Technischen Universität Dortmund, der Hochschulen in Essen und Duisburg, die 2003 zur Universität Duisburg-Essen fusionierten, noch die Fernuniversität Hagen, die Private Universität Witten/Herdecke sowie acht Fachhochschulen in Bochum, Dortmund, Essen und Gelsenkirchen. Im Jahr 2009 sind die neu gegründeten Hochschulen Ruhr West (Standorte Mülheim und Bottrop), Hamm-Lippstadt (Standort Hamm) sowie Rhein-Waal (Standorte Kleve, Kamp-Lintfort) hinzugekommen. Am Standort Mülheim an der Ruhr wird im Bereich Mathematik, Informatik, Naturwissenschaften und Technik der Schwerpunkt Maschinenbau ausgewiesen, in Bottrop sind es Energiesysteme und -wirtschaft. Die Hochschule in Hamm arbeitet im Verbund mit der Wirtschaft an einer praxisorientierten Ausbildung in den Feldern Energietechnik und Ressourcenoptimierung sowie Mechatronik. Und die Hochschule Rhein-Waal bietet anwendungsorientierte Lehre und Forschung in den Bereichen Technik, Natur-, Wirtschafts- und Gesellschaftswissenschaften an.

	Gründungsjahr	Studierende (2005)	Wiss. Mitarbeiter (2005)	Professoren* (2005)	Fakultäten	Zentrale Wissenschaftliche Einrichtungen	Sonderforschungsbereiche
Ruhr-Universität Bochum	1965	42 718 (32 723)	2 799 (2 120)	403 (369)	20	9	12
Technische Universität Dortmund	1968	32 800 (22 012)	1 923 (1 812)	300 (275)	16	4	12
Universität Duisburg-Essen	1972	41 160 (31 005)	2 857 (2 067)	463 (412)	11	11	9
Fernuniversität Hagen	1975	76 122 (59 790)	401 (384)	85 (72)	4	–	–
Private Universität Witten / Herdecke	1983	2 107 (1 122)	207 (42)	59 (147)	3	–	–

*Ohne medizinische Fakultät

M 1: *Universitäten im Ruhrgebiet 2014*

So studieren im Ruhrgebiet heute über 170 000 Studentinnen und Studenten. Die meisten streben einen mathematischen, natur- oder ingenieurwissenschaftlichen Abschluss an (39,5 %), gefolgt von Studierenden der Sprach- und Kulturwissenschaften (27 %). Und etwa 20 Prozent studieren an den Hochschulen des Ruhrgebiets Rechts-, Wirtschafts- und Sozialwissenschaften. Die Vielfalt der fachlichen Angebote wird bei einer Zusammenstellung aktueller Forschungsschwerpunkte der Ruhrgebietshochschulen deutlich. Hier sind zukunftsorientierte Fachzusammenhänge wie Nanotechnologie, Life Sciences, Energie- und Umweltforschung, Produktion und Logistik, Kommunikation und Medien, Gesellschaft und Ökonomie, Urbane Systeme oder Schul- und Bildungsforschung zu nennen.

Um den Wettbewerb und die Kooperation noch weiter auszubauen und gemeinsame Lehr- und Forschungsschwerpunkte zu entwickeln, haben sich im Jahr 2007 die Universitäten Bochum, Dortmund und Duisburg-Essen zur Universitätsallianz Metropole Ruhr zusammengeschlossen (heute Universitätsallianz Ruhr, UA Ruhr). Angestrebt wird, die Region Ruhrgebiet zu einem exzellenten Standort in der nationalen und internationalen Wissenschafts- und Studienlandschaft zu machen.

Neben den Hochschulen gibt es Fraunhofer-, Leibniz- und Max-Planck-Institute sowie zahlreiche weitere außeruniversitäre Forschungseinrichtungen, die Forschung im Ruhrgebiet u. a. mit den Schwerpunkten Nano- und Plasmatechnologie, Energieerzeugung, Logistik, Informationstechnologien und Biowissenschaften betreiben. Für die wirtschaftliche Entwicklung der Region ist bedeutend, dass die universitären und außeruniversitären Forschungseinrichtungen sich um Kooperationen mit der freien Wirtschaft bemühen, indem Transferstellen sowie Gründer- und Technologiezentren als Vermittler zwischen Wissenschaft und der regionalen mittelständischen Wirtschaft agieren. Denn im Austausch zwischen Hochschulen, Technologiezentren und Wirtschaft können neue Produkte entwickelt, erprobt und schließlich zur Marktreife gebracht werden. Dabei kommt das wissenschaftliche Know-how von den Hochschulen, die Technologiezentren setzen dieses Wissen anwendungsorientiert um und die Unternehmen bringen die Produkte schließlich auf den Markt. Den dauerhaften Erfolg eines solchen Vorgehens dokumentiert das Beispiel des Hightech-Clusters in Dortmund (vgl. 2.2.2.).

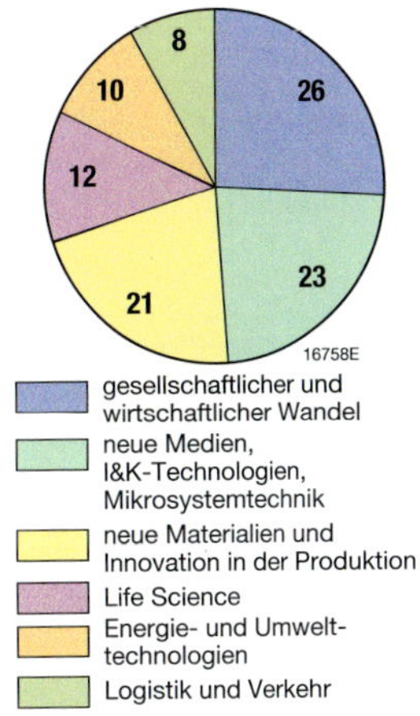

M 2: *Außeruniversitäre Forschung nach Zukunftsfeldern im Ruhrgebiet (Anteile nach Wissenschaftlern in %)*

Die UA Ruhr hat

- *ca. 110 000 Studierende,*
- *fast 15 000 Absolventinnen und Absolventen jährlich,*
- *mehr als 1000 Promotionen pro Jahr,*
- *ca. 1300 Professorinnen und Professoren,*
- *ca. 1,2 Mrd. Euro jährliches Haushaltsvolumen,*
- *ca. 300 Mio. Euro Drittmittel pro Jahr und*
- *über 600 Studiengänge (Stand 2011).*

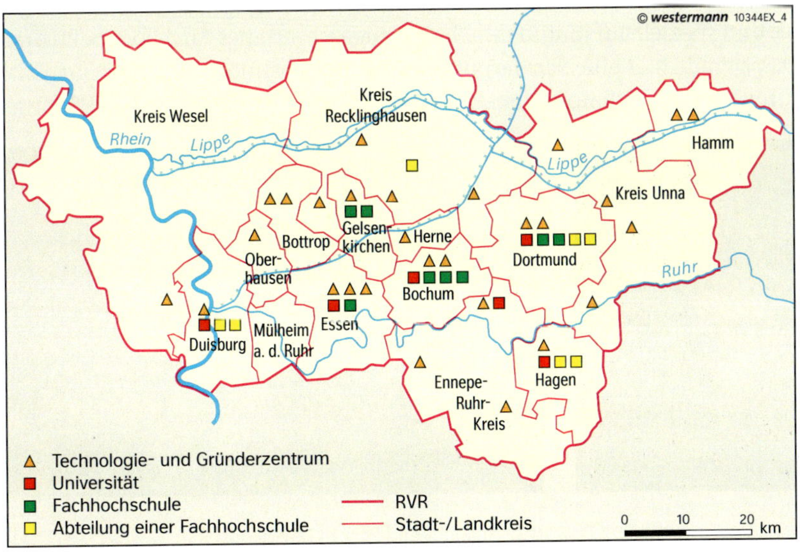

1. Analysieren Sie die Aufgaben der Ruhrgebietshochschulen im Prozess des Strukturwandels.

M 3: *Universitäten, Fachhochschulen, Gründer- und Technologiezentren im Ruhrgebiet*

2.3.2 Freizeit und Tourismus

Neben der Förderung der Technologie- und Dienstleistungsbranche setzte man im Zuge des Strukturwandels im Ruhrgebiet verstärkt auch auf den Sektor Freizeit und Tourismus. In den letzten Jahrzehnten entwickelte sich das Ruhrgebiet zu einer Schwerpunktregion für moderne Freizeiteinrichtungen.

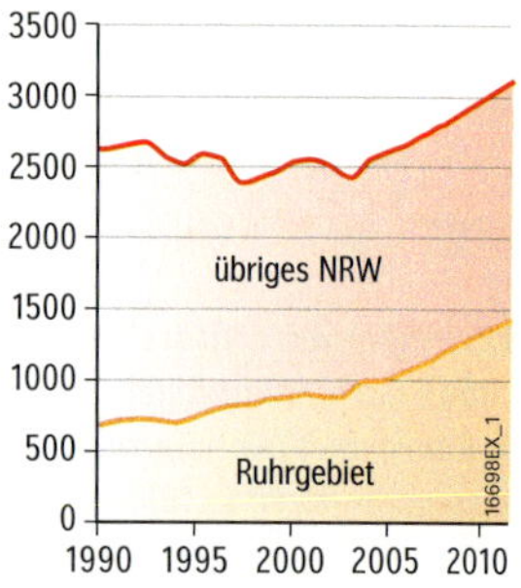

M 1: *Übernachtungen pro 1 000 Einwohner*

Im Gegensatz zu den traditionellen Tourismusregionen Sauer- und Münsterland spielte der Tourismussektor im Ruhrgebiet lange Zeit eine eher untergeordnete Rolle. Doch in den letzten Jahren haben insbesondere die Kurz- und Städtereisenden das Ruhrgebiet als Reiseziel entdeckt. Zwar liegen die Übernachtungszahlen noch weit hinter dem übrigen Nordrhein-Westfalen zurück, doch sind sie seit 1990 kontinuierlich gestiegen (M 1). Allerdings dominieren nach wie vor die Geschäftsreisenden (ca. 80 % der Übernachtungen). Zur Förderung des Tourismus wurde 1997 vom Landeswirtschaftsministerium ein „Masterplan für Reisen ins Revier“ entwickelt. In diesem Zusammenhang wurden Marketingstrategien entwickelt, mit deren Umsetzung die Ruhrgebiet Tourismus GmbH betraut wurde.

Die öffentliche Hand förderte aber auch schon in der Vergangenheit konkrete tourismus- und freizeitorientierte Projekte. Hierzu zählt zum Beispiel die Internationale Bauausstellung Emscher Park (vgl. 6.5), bei der die Projektstandorte tourismuswirksam in Routen miteinander vernetzt wurden. Auch die vom Kommunalverband Ruhrgebiet initiierten Image-Kampagnen trugen dazu bei, auf das „Neue Ruhrgebiet“ aufmerksam zu machen. Eine Besonderheit im Ruhrgebiet sind die fünf bereits in den 1970er-Jahren geschaffenen und sich auch heute noch im Besitz der Kommunen und des Regionalverbands Ruhr befindlichen Revierparks mit weitläufigen Grünanlagen sowie Schwimmbädern und Sportanlagen.

Neben den spektakulären Hinterlassenschaften der industriellen Vergangenheit (Route der Industriekultur, vgl. 6.5.1) sowie den etablierten Kultur- und Sportveranstaltungen wie etwa die Ruhr-Triennale oder die Bundesligaspiele der Fußballklubs locken vor allem die in seit den 1990er-Jahren entstandenen kommerziellen und multifunktionalen Freizeitgroßeinrichtungen Touristen ins Ruhrgebiet. Diese besitzen ein standardisiertes und speziell auf junge Erwachsene zugeschnittenes Angebotsspektrum. Dass gerade hier eine Schwerpunktregion mit postmodernen Freizeitstrukturen wie Urban Entertainment Centern, Großveranstaltungs- und Sporta-

M 2: *Starlight Express in Bochum*

M 3: *Signal Iduna Park in Dortmund*

renen, Multiplexkinos, Musical-Theatern, Science Centern, Erlebnisbädern, Indoor-Skianlagen, Freizeitparks, Feriencentern und Zoos entstanden ist, hat verschiedene Gründe: Die Betreiberunternehmen fanden im Ruhrgebiet eine hohe Bevölkerungsdichte und eine hervorragende Verkehrsinfrastruktur vor. 15 Mio. Menschen können die Attraktionen mit einer Anreisezeit unter einer Stunde erreichen. Aber auch die vorhandenen großen und lagegünstigen Altindustrieflächen sprachen für die Region.

So entstand eines der nach wie vor meist besuchten Ziele des Ruhrgebiets, das CentrO in Oberhausen, auf einer Brachfläche der Thyssen AG. Es gilt als erstes deutsche Urban Entertainment Center und wird jährlich von 23 Mio. Menschen besucht. Es umfasst neben einer nach einer Erweiterung im Jahr 2012 119000 km² Bruttoverkaufsfläche großen Shopping Mall mit 220 Einzelhandelsgeschäften und diversen Gastronomiebetrieben eine Veranstaltungsarena, einen Freizeitpark, ein Multiplexkino, ein Musicaltheater und ein Großaquarium.

Ende der 1980er-Jahre wurde das Ruhrgebiet zu einer Hochburg des damals boomenden Musicalmarkts. Aber nur der Dauerbrenner „Starlight Express" in Bochum konnte sich bis heute behaupten. Andere Städte wie Essen, Duisburg und Oberhausen konnten mit eigens eingerichteten oder in altindustrieller Bausubstanz integrierten Muscialtheatern hingegen nicht an die Erfolge der Musicalstädte Hamburg und Stuttgart anknüpfen. Das derzeit größte Multiplex-Kino Deutschlands ist das Cinemaxx in Essen mit 5370 Plätzen in 16 Sälen. Neben zahlreichen weiteren Großkinos existiert auch eine große Anzahl aufwändig gestalteter Erlebnisbäder im Ruhrgebiet. Ebenso wie der Freizeit-Themenpark „Movie Park" und die Skianlage „Alpincenter" in Bottrop haben viele der Freizeitgroßeinrichtungen aber in den letzten Jahren verstärkt wirtschaftliche Probleme. Abgesehen von den meist ausgebuchten Fußballspielen haben auch die Großarenen (Veltinsarena auf Schalke, Signal Iduna Park in Dortmund) Probleme, die Zuschauerränge bei Popkonzerten und Sportevents (Biathlon, Motocross) komplett zu füllen.

Urban Entertainment Center (UEC)

Einkaufszentrum kombiniert mit Unterhaltungs- und Freizeitangeboten.

Merkmale eines UEC:
- *verkehrstechnisch gut erreichbarer Standort in wegen großen Raumbedarfs randlicher Lage*
- *Flächennutzung: 2/3 Entertainment, Freizeit, Themenrestaurants; 1/3 Einzelhandel*
- *Einzugsbereich: min. 1 Mio. Einwohner in einer Entfernung von 30–60 Minuten*
- *Aufenthaltsdauer: 2–5 Stunden*
- *Zielgruppe: 15–45-Jährige*

Der generell [...] positiven Bewertung durch das junge aktive Segment der Bevölkerung stehen in der praktischen Tourismus- und Freizeitplanung eine Reihe kritischer Begleiterscheinungen gegenüber. Die Halbwertzeit vieler solcher „postmoderner" Freizeiteinrichtungen ist kurz und die Zyklusabhängigkeit ist groß. Eine Reihe von Projekten ist daher nach einer kurzen Boomphase gescheitert, andere sind bereits während der Planungen verworfen worden. Den hohen Investitionskosten solcher Einrichtungen steht ein extrem schnelllebiger Markt der Lebensstile entgegen. Sobald die Distinktionskraft derartiger Einrichtungen den Anreiz für die Nachfrager verliert, entstehen Investitionsruinen. [...])

Außerdem bleibt anzumerken, dass aufgrund der demographischen Entwicklung die Zielgruppe der jungen Erwachsenen in ihrer absoluten Zahl deutlich hinter den alternden und zahlenstarken Babyboomer-Generation „50plus" zurück bleibt. In Reaktion darauf scheint der Freizeit- und Tourismusmarkt noch ausdifferenzierter zu werden. [...] Wenn sich vor diesen Hintergrund bis heute viele Städte und Gemeinden bzw. auch Regionalverbände immer noch auf die in der demographischen Entwicklung ständig kleiner werdende Gruppe der „Jungen Erwachsenen" konzentrieren, schlagen sie in ökonomischer und raumplanerischer Hinsicht einen nicht ungefährlichen Weg ein.

M 4: Quellentext zu den Freizeitgroßeinrichtungen im Ruhrgebiet

Krajewski, C, Reuber, P., Wolkersdorfer, G.: Das Ruhrgebiet als postmoderner Freizeitraum. Geographische Rundschau 1/2006

1. *Beschreiben Sie die Marketingstrategien der Ruhrgebiet Tourismus GmbH (www.ruhr-tourismus.de).*
2. *Bewerten Sie die Freizeitangebote im Ruhrgebiet vor dem Hintergrund der Wirtschaftlichkeit.*

2.4 Landwirtschaft im Ruhrgebiet

Trotz anhaltender Flächenverluste liegt der Anteil der landwirtschaftlichen Fläche an der Gesamtfläche des Ruhrgebiets deutlich über den Werten vergleichbarer Metropolräume. Neben den Nischen, die die Landwirtschaft in Bioproduktion, Direktvermarktung und Reiterhöfen gefunden hat, spielen mehr und mehr Varianten städtischer Agrikultur in Form von urbaner Landwirtschaft, Urban Gardening oder Bürger- und Gemeinschaftsgärten eine bedeutende Rolle.

- *Anzahl der landwirtschaftlichen Betriebe: 4 500*
- *Durchschnittliche Betriebsgröße: 40 ha*
- *80 % der Betriebe über fünf ha*
- *50 % Nebenerwerbsbetriebe*
- *60 % Pachtflächenanteil*
- *2 % ökologischer Landbau*
- *70 % Ackerland (52000 ha Getreide, 28000 ha Mais, 6500 ha Raps, 2300 ha Kartoffeln)*
- *Umsatz insg.: 750 Mio. Euro*
- *60 % mit Viehhaltung*
- *Großvieheinheiten: 178 000*

M 1: *Kennzahlen zur Landwirtschaft im Ruhrgebiet (2011)*

Knapp 9500 Beschäftigte waren 2013 im Ruhrgebiet in der Land- und Forstwirtschaft tätig. Das entspricht lediglich 0,4 Prozent aller Erwerbstätigen. Auf den ersten Blick überraschend ist jedoch, dass eine Fläche von 39 Prozent (173 000 ha) des Regionalverbands Ruhr landwirtschaftlich genutzt wird. Die Wald- und Forstflächen nehmen weitere 18 Prozent ein. Der größte Teil der landwirtschaftlich genutzten Flächen verteilt sich auf die Ballungsrandzone. In den kreisfreien Städten des Ruhrgebiets werden aber immerhin auch noch fast 24,7 Prozent aller Flächen als Acker und Wiesen genutzt. Somit sind selbst in den Vororten der Städte noch aktive landwirtschaftliche Betriebe zu finden. Jedoch ist ihre Zahl aufgrund zunehmenden Siedlungsdrucks stark rückläufig.

Die Verteilung land- und forstwirtschaftlicher Betriebe hängt zudem stark von der naturräumlichen Ausstattung ab. Im vorderen Bergisch-Märkischen Süderbergland liegt wegen der Höhenverhältnisse ein hoher natürlicher Waldanteil vor. In der sich nördlich anschließenden Zone der Hellwegbörde, in der eigentlich die besten Böden für den Ackerbau zur Verfügung stehen, sind diese durch die großen städtischen Zentren überbaut. Intensivere landwirtschaftliche Nutzungen finden sich demgegenüber im Bereich beiderseits der Lippe sowie im Bereich des Niederrheinischen Tieflandes.

Im Zuge der starken Rationalisierungen im Agrarsektor hat sich auch im Ruhrgebiet die Anzahl der landwirtschaftlichen Betriebe verringert und die Größe der von einem Betrieb bewirtschaften Flächen vergrößert. Die Zahl der Bauernhöfe hat sich seit Beginn der 1980er-Jahre nahezu halbiert. Die knapp 1 000 Großbetriebe bewirtschaften über die Hälfte der gesamten Betriebsfläche.

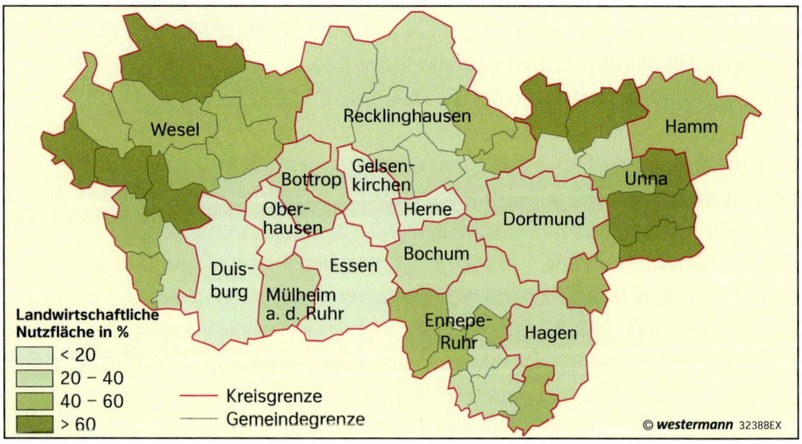

M 2: *Anteil landwirtschaftlicher Fläche (LF) an der Katasterfläche in den Kommunen des Regionalverbands Ruhr 2013*

M 3: *Landwirtschaft an der Ruhr, Staubecken Hengsen*

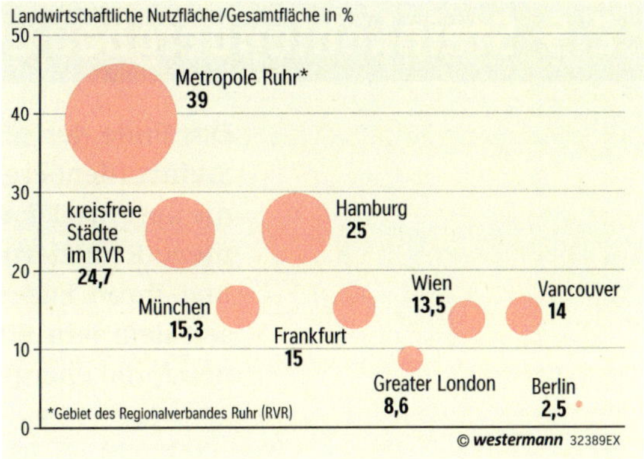

M 4: *Anteil landwirtschaftlicher Fläche an der Gesamtfläche in ausgewählten Metropolen (in %)*

Landwirtschaft im Ruhrgebiet ist heute ein Erwerbszweig, der zunehmend Nischen besetzt und Trends folgt, die die Einwohner des nahen Ballungsraums als Kunden für landwirtschaftliche Produkte und als Nachfragende für landwirtschaftsgebundene Freizeitaktivitäten vorgeben. Am Rande der städtischen Zentren des Ruhrgebiets haben die verbliebenen landwirtschaftlichen Betriebe unter anderem durch ökologischen Landbau, Direktvermarktung ab Hof und durch die Bereitstellung von Pferdeboxen für die Pferde der Reitsportbegeisterten ihre Standorte behaupten und ihre Existenz sichern können. Die meisten der Höfe im Ruhrgebiet offerieren Frischprodukte für den Nahbereich, haben sich auf Sonderkulturen (z. B. Erdbeeren) spezialisiert und bieten Kartoffeln, Getreide- und Fleischprodukte für den städtischen Absatzmarkt zum Beispiel in Hofläden an. Viele Höfe im Umfeld der Städte sind zudem zu reinen „Reiterhöfen" geworden, deren Ackerbau- und Weidewirtschaft ausschließlich den untergestellten Pensionspferden zugutekommen. Hier haben sich vereinsartige Strukturen ergeben, deren Mittelpunkt ein ehemaliger landwirtschaftlicher Vollerwerbsbetrieb ist.

Neben den eher traditionellen Nischen der Landwirtschaft im Ballungsraum haben sich neue Formen urbaner Agrikultur entwickelt. So hat zum Beispiel die Stadt Mülheim an der Ruhr im Rahmen von Urban-Gardening-Projekten neun Flächen ausgewiesen, die von Einzelbürgern oder bürgerschaftlichen Vereinigungen gepachtet werden können. Die Flächen reichen von 200 bis 7 700 m² und sollen Platz bieten für den Anbau von Gemüse, Obst und auch für die Anlage von Blumenbeeten. Diese zum Teil temporären „Speiseräume" auf Flächen, die unbebaut sind und sich zumeist in Randlagen zu Siedlungen befinden, sind als Bestandteile ökologischer und sozialer Projekte gedacht. Eine Reihe von Kommunen im Ruhrgebiet fördern die Initiativen zur Entstehung von Gemeinschafts-, Nachbarschafts- oder Metropolengärten. Somit tragen diese Projekte zur Steigerung der Lebensqualität im Wohnumfeld bei, liefern innovative Ideen zukünftiger Ernährung und sind letztlich aktive Raumgestalter im Rahmen einer nachhaltigen Stadtentwicklung.

1. *Stellen Sie die Rahmenbedingungen sowie die Schwierigkeiten und Chancen der Landwirtschaft im Ruhrgebiet dar.*
2. *Erläutern Sie die Wirkungen von Urban-Gardening-Projekten für eine Stärkung der Identifikation der Bürger mit ihrem Wohnstandort.*
3. *Bewerten Sie Urban-Gardening-Projekte hinsichtlich ihres Beitrags zu Erfordernissen einer nachhaltigen Stadtentwicklung.*

M 5: *Recklinghausen: Landwirtschaft in der Stadt. Das Essener Unternehmen „Ackerhelden" vermietet vorbepflanzte und ökologisch zertifizierte Bio-Ackerstücke bundesweit an Städter.*

2.5 Steinkohlenbergbau und Energiewende

Das Ende des seit Jahrzehnten durch Subventionen finanzierten Steinkohlenbergbaus ist für das Jahr 2018 beschlossen. Damit hat die aufgrund der hohen Förderkosten seit Jahrzehnten vorgenommene Reduzierung der Fördermenge von Steinkohle im Ruhrgebiet ihren Endpunkt erreicht. Hinzu kommt, dass Deutschland seit dem Jahr 2012 mit der Energiewende anstrebt, umweltschonend und energiesparsam auf erneuerbare Energien zu setzen.

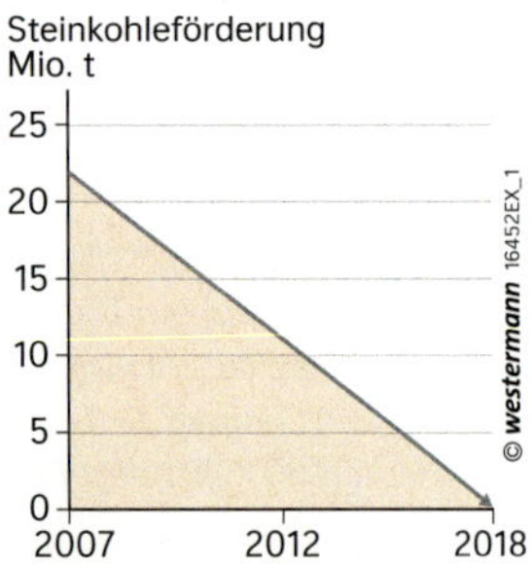

M 1: *Steinkohlenförderung 2007–2018*

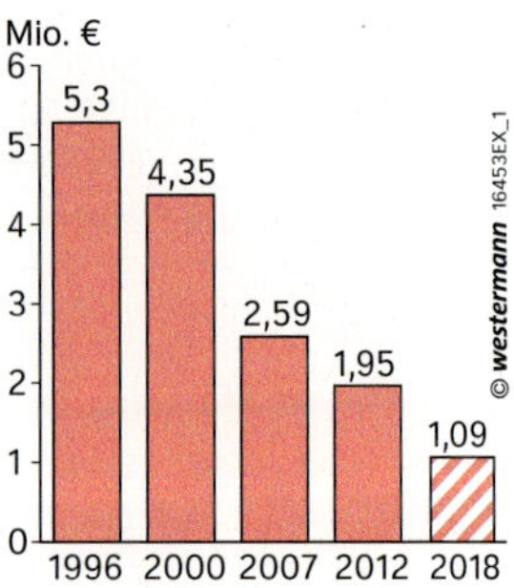

M 2: *Subventionen für den Steinkohlenbergbau*

Steinkohle ist ein in Deutschland weiterhin stark nachgefragter Rohstoff (M4). Haupteinsatzbereich sind die Stromerzeugung (72 %) und die Verhüttung von Kokskohle und Koks in der Stahlindustrie (25 %). Bereits seit vielen Jahren besitzt die preiswertere importierte Steinkohle auf dem deutschen Steinkohlenmarkt eine dominierende Stellung. Im Vergleich zu anderen Standorten, an denen Steinkohle abgebaut wird, muss die deutsche Steinkohle seit Jahrzehnten mit hohen Kosten aus großer Tiefe gefördert werden. Dementsprechend war die Steinkohlenförderung in Deutschland nur durch öffentliche Subventionen wettbewerbsfähig. Seit vielen Jahre ist ein kontrollierter Rückgang der geförderten Steinkohlenmenge und der Subventionen zu beobachten. Seit den 1960er-Jahren wurden viele Milliarden an Subventionen investiert, um einerseits den Absatz der teuer geförderten Kohle zu ermöglichen und um andererseits das Ende des Steinkohlenbergbaus sozialverträglich zu gestalten, sowohl für die betroffenen Bergleute als auch für die durch Zechenschließungen betroffenen Standorte. Gab es zu Beginn der Krise des deutschen Steinkohlenbergbaus (1957) noch über 140 Zechenstandorte, so ist davon im Ruhrgebiet bis zum endgültigen Ausstieg aus dem Bergbau, der politisch für das Jahr 2018 beschlossen ist, nur noch der Standort Bottrop (Zeche Prosper-Haniel) übrig.

Um diesen komplexen räumlichen und wirtschaftlichen Strukturwandel des Steinkohlenbergbaus im Ruhrgebiet organisieren zu können, wurden bei dem führenden Bergbauunternehmen, der Ruhrkohle AG (RAG), neue Strukturen geschaffen: Der „schwarze" Firmenbereich,

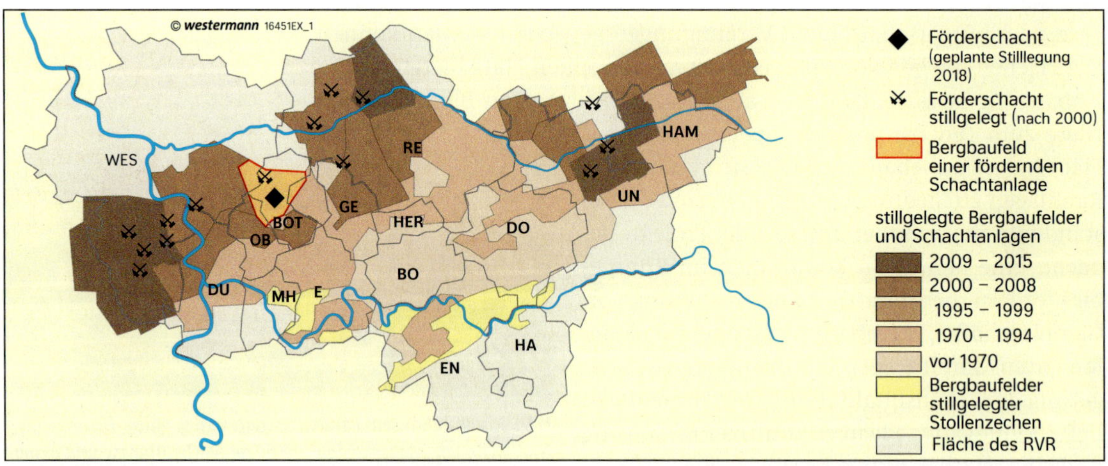

M 3: *Entwicklung des Steinkohlenbergbaus im Ruhrgebiet*

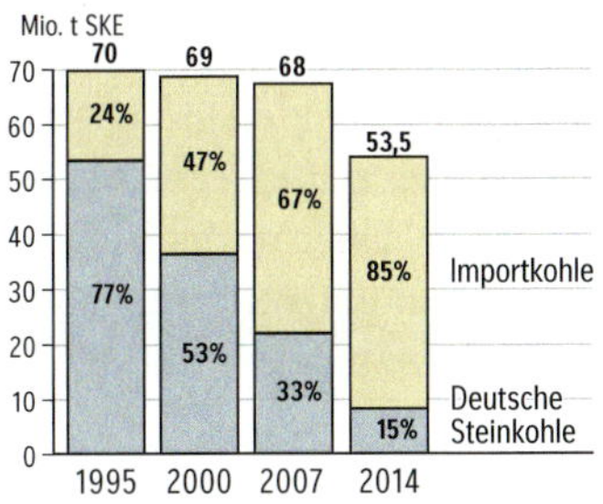

M 4: *Anteile deutscher und importierter Steinkohle an der Bedarfsdeckung*

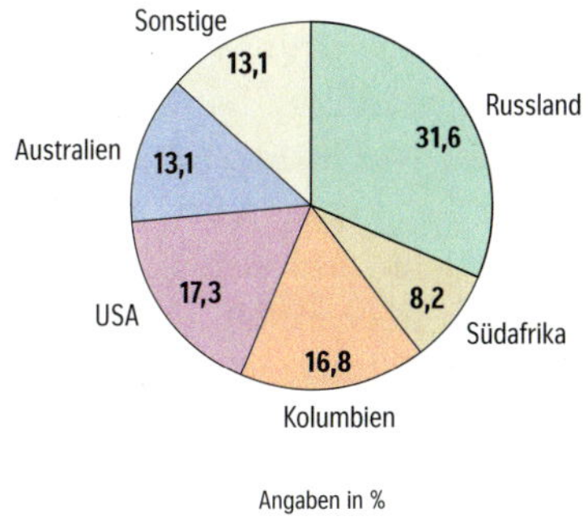

M 5: *Herkunftsländer deutscher Importe von Kraftwerkskohle 2015*

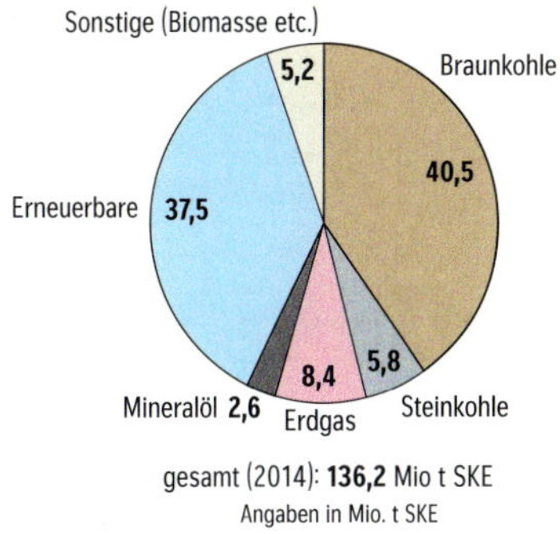

M 6: *Primärenergiegewinnung in Deutschland 2014*

der weiterhin als RAG AG bezeichnet wird, hat noch bis zum Jahr 2018 sein Hauptgeschäftsfeld in der Steinkohlenförderung. Ein weiteres Tätigkeitsfeld ist die Vermarktung des einzigartigen technologischen Knowhows im Bereich Bergbau, die durch die RAG Mining Solutions organisiert wird. So werden Bergbaumaschinen weltweit mit großem Erfolg exportiert (M 8). Darüber hinaus gibt es noch die RAG Montan Immobilien, die auf Flächen- und Immobilienentwicklung ausgerichtet ist und somit im Ruhrgebiet neue Nutzungen für die ehemaligen Industriegelände der RAG entwickelt und vermarktet. Der „weiße“ Bereich der RAG wird seit 2007 von der Evonik Industries AG geführt und umfasst die Geschäftsbereiche Chemie, Immobilien und Energie. In diesen Bereichen erwirtschaftet das Unternehmen große Gewinne. Die mit dem erfolgreichen Börsengang von Evonik im Jahr 2013 erwirtschafteten Einnahmen werden wiederum von der RAG Stiftung für die so genannten Ewigkeitskosten des Bergbaus genutzt.

Bis 2018 soll ein ausreichend großes Stiftungsvermögen aufgebaut werden, sodass diese stetigen Folgekosten des Bergbaus getragen werden können. Hierbei geht es einerseits darum, mit den Folgen der Absenkung der Region (bis zu 25 Meter) umzugehen, die sich aus dem jahrzehntelangen

Ewigkeitskosten

Als Ewigkeitskosten im Bergbau bezeichnet man die Altlasten des Bergbaus, die auch nach Schließung aller Bergwerke auftreten. Hierzu gehören z. B. die „Bergschäden“ an Häusern oder Straßen, die nach Absenkungen auftreten. Die Ewigkeitskosten werden derzeit auf ca. 130 Mio. Euro beziffert.

M 7: *Moderne Bergbautechnik „Made in Germany“: Ferngesteuerter Walzenschrämlader mit moderner Steuer- und Antriebstechnik. Ein Walzenschrämlader ist eine schneidende Gewinnungsmaschine. Die Maschine besitzt an beiden Enden zwei rotierende Walzen, die die Kohle über 0,7–1,2 Meter Breite herausschneidet und gleichzeitig auf den Kettenkratzerförderer transportiert.*

unterirdischen Abbau von Steinkohle ergeben hat (siehe 6.1). Eine weitere Ewigkeitslast ist das Grubenwasser, das sich in den unterirdischen Strecken des Bergbaus gesammelt hat und das wegen seiner potenziellen Belastungen möglichst von Fließgewässern, dem Grundwasser und Trinkwasservorkommen fernzuhalten ist. Zudem ist das Grundwasser in der direkten Nachbarschaft der zahlreichen Zechen und Kokereistandorte stetig auf seine Qualität zu überprüfen und möglicherweise zu sanieren, um Mensch und Umwelt zu schützen.

Es gibt noch zwei weitere Aspekte, die durch den Wandel des Bergbaus aktuell relevant sind, die aber nicht als Ewigkeitslast, sondern als endliche Aufgaben angesehen werden. Zum einen sind es Bergschäden, also oberirdische Schäden an Gebäuden und Infrastruktur, die durch bergbauliche Absenkungen verursacht sind. Da ab 2018 kein weiterer Abbau mehr stattfindet, werden diese Schäden aber immer seltener vorkommen. Zum anderen gilt es, den seit Jahren stattfindenden Beschäftigungsabbau, also den endgültigen Verlust von Tausenden Arbeitsplätzen im Bergbau, sozialverträglich zu realisieren. Gelingt es nicht, die ehemaligen Bergleute in andere Beschäftigungsverhältnisse zu überführen, ergeben sich Mehrausgaben durch Arbeitslosigkeit sowie Mindereinnahmen bei Steuern, sodass solche Folgekosten für den Zeitraum von 2007 bis 2018 für die öffentlichen Haushalte in Schätzungen bis zu zehn Milliarden Euro erreichen können.

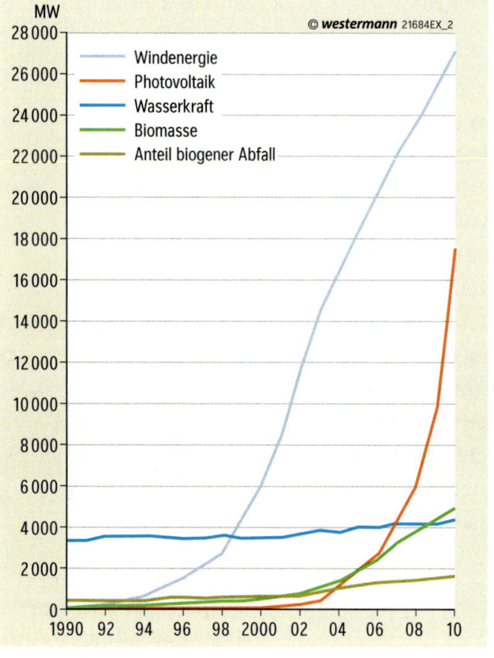

M 8: *Installierte Leistung zur Stromerzeugung aus regenerativen Energien in Deutschland seit 1990*

Parallel zu der Neustrukturierung des Steinkohlenbergbaus und zunächst unabhängig davon wurde seit 2012 mit dem Erneuerbare-Energien-Gesetz (EEG) in Deutschland eine Energiewende weg von fossilen Energieträgern hin zu erneuerbaren Energien angestrebt. Im Sinne eines nachhaltigen Wirtschaftens wird eine umfassende ökonomische und soziale Wohlstandsproduktion bei möglichst geringem Umweltverbrauch angestrebt, indem mit dem Verbrauch von erneuerbaren Energien eine neue ökologische Effizienz etabliert wird, die Deutschland zu einer der „umweltschonendsten und energiesparsamsten Volkswirtschaften – so die Bundesregierung – machen soll. In diesem Zusammenhang kann der Wandel und die Neuausrichtung des Ruhrgebiets als Chance begriffen werden, denn als Energieregion kann das Ruhrgebiet einen Wirtschaftswandel in Richtung nachhaltiges Wirtschaften vorantreiben. Bottrop als InnovationCity ist seit 2010 ein Labor für einen klimagerechten Stadtumbau und hier sind mehr als 200 Projekte im Sinne der Reduzierung des Ressourcenverbrauchs entstanden. Ähnliche Beispiele sind in großer Anzahl aber auch schon in der gesamten Region zu finden. Eine seit Jahren bestehende Solarsiedlung in Gelsenkirchen-Bismarck, ein Solarkataster in Dortmund, Erdwärmenutzung in Bochum-Mitte und unendlich viele kleine Projekte und Bemühungen dokumentieren, dass eine solche ökologische Effizienz schon heute im Ruhrgebiet die Entkoppelung von Wachstum und Naturverbrauch erlaubt. Insofern kann die Region ihren ökonomischen Wandel nutzen, um insgesamt eine zukunftsfähige Entwicklung zu nehmen, die nachhaltiges Wachstum und Wohlfühlen der Bewohner gleichsam ermöglicht.

1. *Erörtern Sie die Folgen der Stilllegung deutscher Steinkohlenförderung für die Deckung des Energiebedarfs in Deutschland.*
2. *Erörtern Sie die Folgen der Stilllegung deutscher Steinkohlenförderung für die Entwicklung und den Absatz von Bergbautechnologien Made in Germany.*
3. *Beurteilen Sie die Strategien zur Bewältigung von Ewigkeitskosten.*

3 Das Ruhrgebiet als Verkehrsraum

Voraussetzung für den wirtschaftlichen Erfolg einer Region wie dem Ruhrgebiet ist ein weit reichendes und leistungsfähiges Verkehrsnetz, damals zu Zeiten der Industrialisierung genauso wie heute in Zeiten des sich weiter wandelnden Wirtschaftssystems. Der Ausbau von Wasserwegen, Schienen und Straßen kann sich im nationalen und europäischen Vergleich durchaus sehen lassen. Verbunden mit seiner zentralen Lage hat dies das Ruhrgebiet zu einem wichtigen Logistikstandort in Europa werden lassen.

3.1 Verkehrsinfrastruktur

Die geographische Lage des Ruhrgebiets im Zentrum Europas ist ein Standortvorteil der Region. Es gilt, diese Lage durch Anbindung nach außen sowie durch innere Vernetzung optimal zu nutzen. Insofern kommt einer funktionierenden, ineinander verzahnten Anbindung von Autobahnen, Schienennetz, Flugverkehr und Binnenschifffahrt eine besondere Bedeutung zu.

Metropolregionen sind Knoten in den internationalen und globalen Verkehrsnetzen und sollten entsprechende Infrastrukturen (z. B. Straßen, Schienen, Schifffahrtswege) und Orte (z. B. Flughäfen, Bahnhöfe, Binnenhäfen, Umschlageinrichtungen) bereitstellen, um ihrer Gateway-Funktion (Zugang zu Menschen, Wissen und Märkten) gerecht zu werden. Dies ist eine zentrale Voraussetzung für eine erfolgreiche wirtschaftliche Entwicklung in einer globalisierten Welt, die eine zügige Abwicklung von Transporten erfordert. Dies gilt insbesondere für das polyzentrische Ruhrgebiet als größtem Metropolraum Deutschlands.

Rhein-Main	589
Region München	582
Region Hamburg	541
Metropole Ruhr	510
Region Berlin	450
Île-de-France	439
Greater London	343
Region Amsterdam	336

M 1: *Motorisierungsgrad von Metropolregionen (PKW / 1 000 Ew.)*

Sieben Prozent der Fläche des Ruhrgebiets werden als Verkehrsflächen genutzt. Von besonderer Bedeutung ist der motorisierte Individualverkehr (MIV). Mehr als jeder zweite Bewohner der Region besitzt ein Auto (M 1), Tendenz steigend. Dementsprechend bedeutend ist der Straßenverkehr. Insgesamt gibt es im Ruhrgebiet mehr als 4 700 Kilometer überörtliche Straßen. Damit gilt das Straßennetz der Region auch im europäischen Vergleich als besonders stark ausgebaut. Auffällig ist, dass die Region mit einem Anteil von 12,9 Prozent Bundesautobahnen im Vergleich zu Nordrhein-Westfalen (7,4 %) und der Bundesrepublik (5,0 %) einen hohen Anteil an Autobahnkilometern im Verhältnis zum Gesamtstraßennetz aufweist.

Aufgrund der Tatsache, dass viele Menschen ihren Arbeitsplatz im Kerngebiet und ihren Wohnort in den Randbereichen des Ruhrgebiets haben, ist das Verkehrsaufkommen besonders durch Berufspendler geprägt. Hinzu kommen der Fracht- und der Fernverkehr, sodass es häufig zu Überlastungen des Autobahn- und Hauptverkehrsstraßennetzes

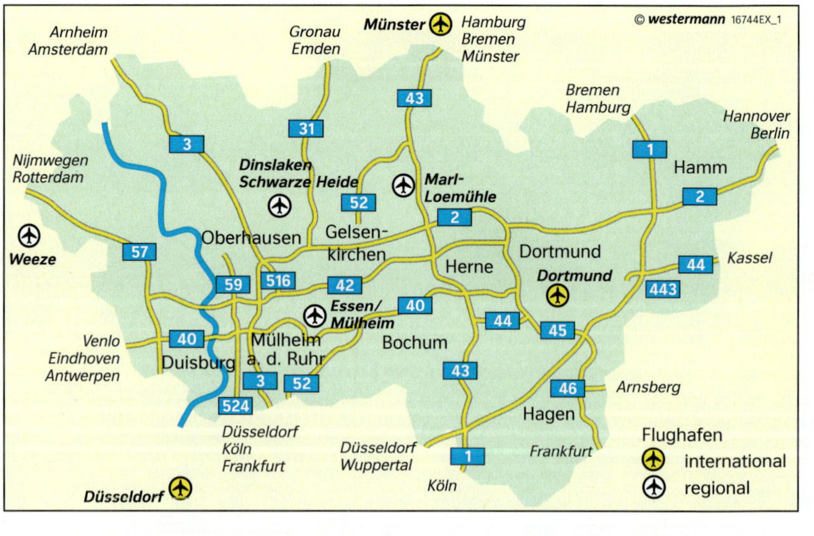

M 2: *Autobahnnetz und Flughäfen des Ruhrgebiets*

in Form von Staus kommt (vgl. 3.2). Dementsprechend werden der Ausbau und die Umgehung von besonders überlasteten Verkehrsachsen angestrebt. Dies ist unbedingt notwendig, denn der Straßenfracht- und Straßenfernverkehr sind ebenfalls in den letzten Jahren überproportional gestiegen. Dies liegt an den vor allem in den 1970er-Jahren hergestellten guten überregionalen Anbindungen: A2 / A3 an die Wirtschaftsräume Hannover und Köln, A1 an die deutschen Nordseehäfen, A3 an den Nordseehafen Rotterdam, A45 an den Rhein-Main-Raum, A44 an den Raum Kassel. Hinzu kommt, dass die Autobahnen des Ruhrgebiets als Transitstrecke zwischen West- und Osteuropa fungieren und dieser europäische Ost-West-Verkehr auch zukünftig stetig zunehmen wird.

Das Eisenbahnnetz des Ruhrgebiets ist weitgehend bereits im 19. Jahrhundert entstanden. Das Netz ist auch für den Schienengüterverkehr gut ausgebaut (M3). Es gibt fünf große Rangierbahnhöfe (Hamm, Herne-Wanne-Eickel, Oberhausen-Osterfeld, Schwerte und Hagen). Zur Kombination von Straßen-, Binnenschifffahrts- und Schienenfrachtverkehr (Kombinierter Ladungsverkehr) werden in Duisburg, Voerde, Hagen, Herne und in Dortmund Containerterminals betrieben. Gleichwohl müsste zur Entlastung des Straßenfrachtverkehrs der Schienengüterverkehr im Ruhrgebiet noch attraktiver gemacht werden.

Zur Abwicklung des schienengebundenen Personenverkehrs gibt es im Ruhrgebiet ein dichtes Schienennetz, das entsprechende Fernverkehrs-, Regionalverkehrs- und S-Bahn-Linien bedient. Diesen Linien der Deutschen Bahn und anderen Eisenbahnverkehrsunternehmen stehen im Ruhrgebiet 70 Bahnhöfe zur Verfügung. Zur Entlastung des Straßenverkehrs sieht der Landesentwicklungsplan NRW einen Ausbau des Bahnnetzes und insbesondere eine Modernisierung der häufig überalterten Leitstellen und Bahnhöfe vor. Der Öffentliche Personennahverkehr (ÖPNV) hat in Ballungsräumen wie dem Ruhrgebiet eine größere Bedeutung als in ländlich geprägten Regionen. Da die Fahrt mit öffentlichen Verkehrsmitteln im Vergleich zur Fahrt mit dem Auto aufgrund hoher Benzinpreise und Verkehrsstaus häufig günstiger und schneller ist, ist die Zahl der ÖPNV-Nutzer im Ruhrgebiet deutlich gestiegen. Damit wurden allerdings auch im ÖPNV Kapazitätsgrenzen erreicht, die einen weiteren Ausbau erforderlich machen (M4).

Bezüglich des Luftverkehrs hat das Ruhrgebiet indirekt (durch Straßen- und Schienenverbindungen) über die internationalen Flughäfen Düsseldorf und Köln / Bonn Zugang zum weltweiten Luftverkehrsnetz. Der bereits 1926 gegründete Regionalflughafen Dortmund hat durch den Bau einer 2000-Meter-Startbahn im Jahr 2000 und die Errichtung eines neuen Terminals seinen Stellenwert im Geschäftsreise- und Ferienflugverkehr für das Ruhrgebiet erhöht (M5). Lediglich als Ergänzungen können die Verkehrslandeplätze in Essen/Mülheim, Marl und Dinslaken angesehen werden.

Auf der Grundlage der montanindustriellen Entwicklung besitzt das Ruhrgebiet ein dichtes Hafen- und Kanalsystem, das heute dem Standard einer modernen Logistik entspricht (vgl. 3.3.2). Die Vorzüge der Binnenschifffahrt im Ruhrgebiet liegen in ihrer günstigen Energieeffizienz, ihrem Wachstumspotenzial sowie in ihrer Bedeutung als umweltfreundlicher und sicherer Verkehrsträger.

Metropole Ruhr	19,2
Region Hamburg	13,3
Region Berlin	10,0
Île-de-France	4,5
Greater London	2,5

M3: *Anteil des Schienengüterverkehrs am gesamten Güterverkehr der Region (in %)*

Region Berlin	25
Region München	22
Greater London	19
Île-de-France	18
Region Hamburg	16
Region Amsterdam	15
Metropole Ruhr	11

M4: *Anteil des ÖPNV am gesamten Personennahverkehr (in %)*

Flughafen	Fluggäste (in Mio.)	Luftfracht (in t)
Frankfurt	59,6	2130000
Düsseldorf	21,8	97000
Köln/Bonn	9,5	754000
Dortmund	2,0	7000
Münster/Osnabrück	0,9	17000

M5: *Verkehrsaufkommen Flughäfen (2014)*

1. *Analysieren Sie bezogen auf die Verkehrsinfrastruktur Vor- und Nachteile des Standorts Ruhrgebiet.*

3.2 Verkehrsprobleme und Lösungsansätze

Das Ruhrgebiet besitzt mit seinem umfangreichen Straßen-, Schienen- und Wasserwegenetz eine moderne Verkehrsinfrastruktur. Dennoch sind die verschiedenen Verkehrseinrichtungen häufig durch die vielfältigen Anforderungen deutlich überlastet. Alternativen sind gefragt und Lösungsansätze gesucht, so zum Beispiel in der Schaffung eines Radschnellwegs Ruhr.

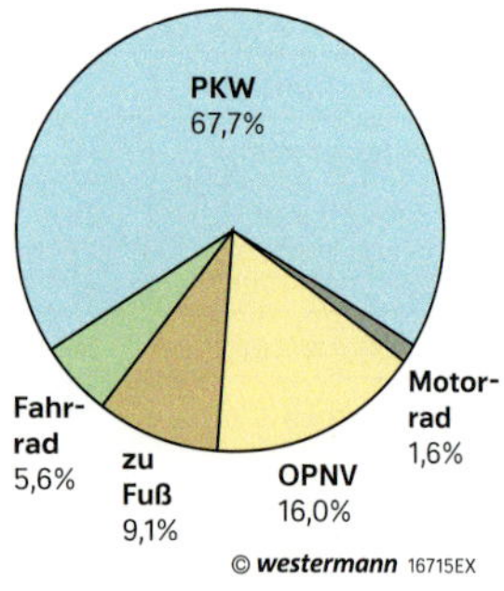

M 1: *Modal Split Rhein-Ruhr-Region*

Modal Split

In der Verkehrsstatistik wird unter Modalsplit die Verteilung des Transportaufkommens auf verschiedene Verkehrsmittel (Modi) verstanden.

Betrachtet man die Verteilung der Verkehrsmittelwahl in der Rhein-Ruhr-Region (M 1), dann wird deutlich, dass die mit Abstand am häufigsten gewählte Verkehrsmittelvariante der motorisierte Individualverkehr ist, der zugleich auch die größten Verkehrsprobleme erzeugt. Die A 40, der ehemalige Ruhrschnellweg, häufig despektierlich als Ruhrschleichweg bezeichnet, steht als verstopfte Schlagader des Ruhrgebiets und wichtigste Ost-West-Verbindung trotz permanentem Ausbau wegen Überlastung vor dem Kollaps. Laut einer Studie zu Verkehrsstaus in deutschen Ballungsräumen (Inrix 2015) liegt das Ruhrgebiet auf Platz 8. Die Liste der verschwendeten Stunden pro Jahr in den Stoßzeiten an Werktagen zwischen 6 und 10 und 15 bis 19 Uhr führt in 2014 Köln mit 65 Stunden an, gefolgt von Stuttgart, Karlsruhe, Düsseldorf, Hamburg, München und Bonn. Das Ruhrgebiet erreicht demgegenüber 42 Stunden. Als Begründungen sind insbesondere heranzuziehen: Straßenbauprojekte, Deutschland und Nordrhein-Westfalen in ihren Funktionen als Transitländer, hohes Gütertransportaufkommen.

Generell schneidet das Ruhrgebiet in der Studie also gar nicht so schlecht ab. Aber die Werte sind ungleich verteilt. Dies macht insbesondere die Belastung der A 40 deutlich, die als Schlagader des Ruhrgebiets mit täglich 110 000 Fahrzeugen unter anderem bei Essen-Frillendorf auch die höchsten Stickoxid-Belastungen im Ruhrgebiet aufweist. Gegenmaßnahmen sind der sechsspurige Ausbau, Zufahrtsregelungen durch Ampelanlagen und der Einbau so genannter *gate guards*, die als flexible Leitplanken im Bedarfsfall die Zufahrt zu den verschiedenen Spuren freigeben können.

M 2: *A40 bei Essen*

Die Vision ist absolut überzeugend. Eine Art „A 40 für Fahrradfahrer“ könnte der erste Radschnellweg der Republik sein: der RS1 mitten durch die Metropole Ruhr. Ein Schnellweg für Pendler, Touristen und alle, die sich mit dem Fahrrad schnell auf der Achse zwischen Hamm und Duisburg bewegen möchten. Ein wenig so, wie es 2010 im Kulturhauptstadtjahr tatsächlich auf der Spur der A 40 schon war – beim Still-Leben - , als drei Millionen Menschen mit dem Rad oder zu Fuß die Autobahn in Beschlag nahmen. Stellen Sie sich vor, Sie könnten morgens mit dem Fahrrad zur Arbeit fahren, auch wenn Sie nicht direkt um die Ecke arbeiten und ohne, dass ihnen Autos oder Ampeln in die Quere kommen. Wenn der Weg etwas länger ist, steigt man auf E-Bikes oder Pedelecs um. Eingebunden in das 700 Kilometer lange bestehende Radwegenetz, trägt der RS1 dazu bei, dass mehr Menschen auf ein umweltfreundliches, günstiges Verkehrsmittel umsteigen, das außerdem noch Spaß macht!“

M 3: Quellentext zum Radschnellweg Ruhr
Radschnellweg Ruhr - der schnellste Weg am Stau vorbei. Meldung Metropole Ruhr

Ein weiterer innovativer Ansatz, dass Verkehrsmittel Fahrrad als ernstzunehmende Alternative zum PKW aufzubauen, ist das Angebot von Metropoleradruhr. Mittlerweile existiert ein breites Netz an Stationen im gesamten Ruhrgebiet, an denen Fahrräder über Telefon, Smartphone-App oder am Terminal der Station kostenpflichtig ausgeliehen und nach beliebiger Nutzungsdauer an jeder offiziellen Station im Ruhrgebiet zurück gegeben werden können.

Neben den genannten Ansätzen im individuellen Personennahverkehr, die in ihrer Summe nicht unerheblich zur Reduzierung des Straßenverkehrs beitragen können, birgt darüber hinaus insbesondere der kombinierte Frachtverkehr (Schiene / Straße, Straße / Wasserstraße und Schiene / Wasserstraße) ein großes Potenzial zur Entlastung des Straßenverkehrs, da Container nicht nur auf der Straße, sondern auch auf Schienen und Wasserwegen transportiert werden können. Gerade das gut ausgebaute Wasserwegenetz der Region ist als Transportweg noch nicht ausgelastet, auch wenn sich das Transportaufkommen in der Binnenschifffahrt kontinuierlich vergrößert (vgl. 3.3.2). Erschwert wird ein kombinierter Frachtverkehr durch eine größere Komplexität der Transportkette und die Kosten beim Warenumschlag.

Auch im Schienenverkehr ergeben sich Probleme. Zum einen kommt es teilweise durch das engmaschig genutzte Schienennetz zur Konkurrenz zwischen Personen- und Güterverkehr. Zum anderen stößt der ÖPNV im Ruhrgebiet mit über vier Millionen Fahrgästen pro Tag an seine Kapazitätsgrenzen. Dies führt gerade in Hauptverkehrszeiten zu Überlastungen und Verspätungen. Insofern wurde schon lange nach einem zusätzlichen leistungsstarken schienengebundenen Verkehrsmittel gesucht. Nach dem Scheitern des Metrorapid-Projekts ist nun ein System von schnellen Regionalzügen (Rhein-Ruhr-Express RRX) geplant. Der RRX, mit dessen ersten Baumaßnahmen ab 2017 zu rechnen ist, soll auf einer für hohe Geschwindigkeiten ausgebauten Strecke zwischen Köln / Bonn und Dortmund mit mehreren Linien das schnelle, komfortable Premiumangebot des öffentlichen Nahverkehrs werden.

1. *Beschreiben Sie die im Ruhrgebiet bestehenden Verkehrsprobleme.*
2. *Erörtern Sie die für das Ruhrgebiet erarbeiteten Lösungen für Verkehrsprobleme.*

M 4: *Modell des Rhein-Ruhr-Express*

3.3 Logistikstandort Ruhrgebiet

Aufgrund der guten Verkehrsanbindung per Straße, Schiene oder Schifffahrt ist das Ruhrgebiet eines der strategisch wichtigsten Standorte für Logistikunternehmen in ganz Europa. So wurde die Logistikbranche zu einem Motor des Strukturwandels.

Logistik

Planen, Ausführen und Kontrolle von Material-, Informations-, Werte-, Personen- und Energieflüssen. Es gilt, eine gewisse Menge in einer vorgegebenen Zeit an einen bestimmten Ort zu schaffen. Teilbereiche sind z. B. Beschaffungs-, Lager-, Transport-, Produktions-, Distributions- und Entsorgungslogistik.

Die Logistik ist mittlerweile der drittgrößte Wirtschaftsbereich Deutschlands nach der Automobilwirtschaft und dem Handel und noch vor der Elektronikbranche und dem Maschinenbau. Am europäischen Logistikmarkt hat Deutschland aufgrund der zentralen geographischen Lage sowie wegen der hohen Qualität der Infrastruktureinrichtungen und der Logistiktechnologie einen Anteil von 25 Prozent. In Nordrhein-Westfalen erwirtschaften 27 800 Logistik-Unternehmen mit 314 000 Beschäftigten einen Umsatz von 70 Milliarden Euro – durch die Steuerung der Waren- und Informationsflüsse sowie durch den Transport von Gütern und deren Lagerung, Konfektionierung und Verteilung.

Nordrhein-Westfalen und das Ruhrgebiet bieten der Branche beste Standortbedingungen. Sie gelten als ausgesprochene Transiträume und nehmen über den Rheinkorridor wichtige Austauschfunktionen von Nord nach Süd sowie über die Hellwegzone bedeutende Austauschfunktionen von Ost nach West wahr. In nur drei Autostunden Entfernung können rund 50 Mio. Verbraucher erreicht werden. Durch die EU-Osterweiterung rückte die Region weiter in das geografische Zentrum Europas. Wichtigste Schnittstelle für Lkw, Bahn und Schiffsfracht ist Europas größter Binnenhafen in Duisburg (vgl. 3.3.2). Aber auch Verkehrsknotenpunkte wie das Kamener Kreuz (vgl. 3.3.1) und andere Standorte im Ruhrgebiet haben sich zu Drehscheiben der Warenströme entwickelt.

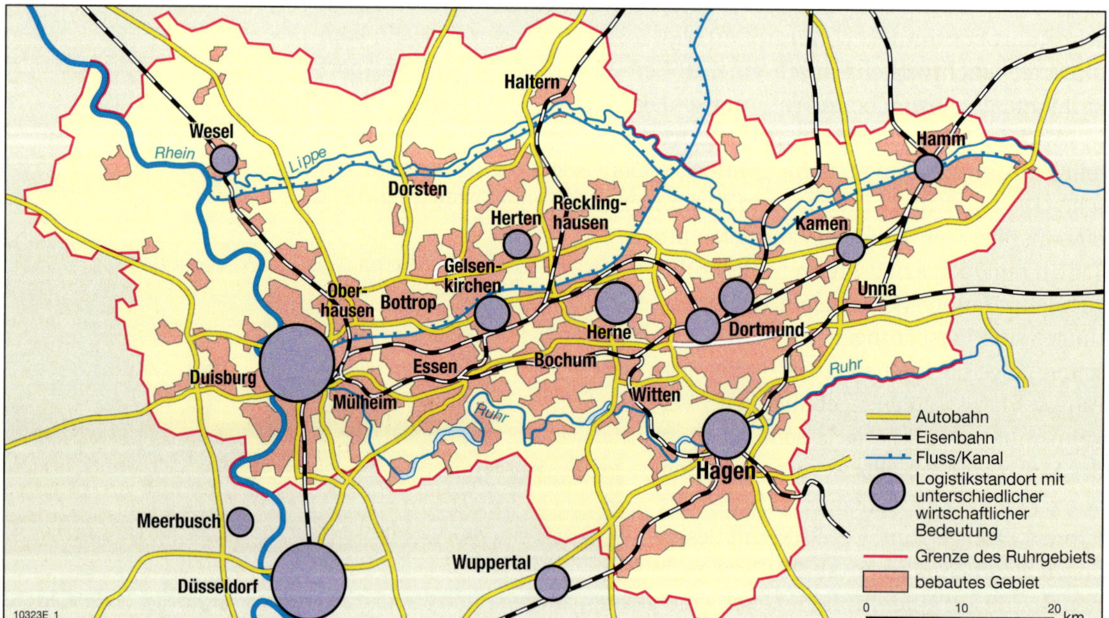

M 1: *Logistikstandorte im Ruhrgebiet*

3.3.1 Verkehrsknotenpunkt Kamener Kreuz

Verkehrsknotenpunkte wie das Kamener Kreuz mit schnellen Autobahnverbindungen sind ideale Standorte der Logistikbranche.

Im überregionalen Straßenverkehr nehmen Kreuzungspunkte von Autobahnen eine wichtige Rolle als Verteiler der Verkehrsströme ein. Hierzu gehört im Ruhrgebiet das zwischen Unna und Kamen gelegene Kamener Kreuz, das die Verbindung zwischen den Autobahnen A 1 und A 2 herstellt (M 1). Mit etwa 160 000 Fahrzeugen pro Tag ist das Kamener Kreuz eines der leistungsstärksten Verteiler im überregionalen Straßenverkehr Deutschlands. Die herausragende Verkehrslage wurde schon früh von Unternehmen erkannt, die sich im Umfeld des Kamener Kreuzes niederließen. Ab den 1970er-Jahren etablierten sich großflächige Einzelhandelsunternehmen wie das schwedische Möbelunternehmen Ikea und der Spielzeuganbieter Toys"R"Us. Der Bereich der Auf- und Abfahrten wird heute durch eine Standortgemeinschaft genutzt, die sich neben den Kaufhäusern als Magneten aus Garten- und Heimwerkermärkten, Autohäusern und den Niederlassungen von Schnellrestaurantketten zusammensetzt. In einem weiteren Schritt siedelten sich Transportunternehmen und Speditionen an, die die günstige Lage für die Belieferung des Absatzmarktes Ruhrgebiet erkannten und von hier aus den mittleren und östlichen Teil des Ruhrgebiets bedienen.

M 2: *Das Kamener Kreuz war 1937 die zweite kreuzungsfreie Verbindung von zwei Autobahnen in Form eines Kleeblatts. Insbesondere nach der Wiedervereinigung machte der zunehmende Ost-West-Verkehr den sechsstreifigen Ausbau nötig, der im August 2009 abgeschlossen werden konnte.*

Einen deutlichen Wachstumsschub hat der Standort nach 2000 durch gezielte Ansiedlungen von Logistikunternehmen auf den ausreichend zur Verfügung stehenden Flächen erfahren. So hat die Deutsche Post DHL Exel Supply Chain 2007 den Logistik Campus Unna in Betrieb genommen. Auf einer Fläche von insgesamt 240 000 m² bietet der Branchenriese nach einem neuen Konzept alle logistischen Dienstleistungen gemeinsam für verschiedene Markenhersteller aus dem Hygiene- und Pflegeartikelbereich an. Jährlich können bis zu 1,5 Mio. Paletten umgeschlagen werden. Nicht weit entfernt liegt das DHL Zentrallager für Deutschland mit 1 500 Mitarbeitern. Ein neues interkommunales Gewerbegebiet für Logistikunternehmen ist in Hamm mit dem Inlogparc in Planung.

Ein ungewöhnlicher Logistikstandort in der weiteren Umgebung des Kamener Kreuzes ist die Halde Ellinghausen in Dortmund. Dort errichtete IKEA 2003 zunächst ein Warenverteilzentrum, von dem aus die Kunden in Deutschland, Belgien und den Niederlanden direkt nach Hause beliefert werden. 2007 wurde der Komplex um zwei Gebäude erweitert, die mit drei vollautomatischen Hochregallagern ausgestattet sind und eine Lagerkapazität von etwa 800 000 Palettenplätzen haben. Von diesem europäischen Distributionszentrum werden alle 180 europäischen Einrichtungshäuser des Unternehmens mit 10 000 verschiedenen kleinvolumigen Artikeln und Aktionswaren beliefert. Über 1 000 Laderampen werden die Ein- und Ausfuhr mit 500 LKW täglich abgewickelt. Auch ein eigener Gleisanschluss ist vorhanden. Etwa 1 000 Mitarbeiter arbeiten direkt bei Ikea, 300 bei am Standort ansässigen Subunternehmern.

1. *Analysieren Sie die Standortvorteile des Kamener Kreuzes für Logistik-Unternehmen.*
2. *Erörtern Sie die Erfolgsaussichten des Logistikstandortes Ruhrgebiet angesichts der Ost- und Südosterweiterung der EU.*

3.3.2 Binnenschifffahrt und Duisburger Hafen

Über 270 km Binnenschifffahrtswege mit einer Vielzahl von Häfen und Umschlaganlagen machen aus dem Ruhrgebiet das dichteste Hafen- und Kanalsystem Europas. Neben dem Rhein und dem schiffbaren Teil der Ruhr liegen der Wesel-Datteln-Kanal, der Datteln-Hamm-Kanal, der Dortmund-Ems-Kanal sowie der Rhein-Herne-Kanal in der Region, die mit Duisburg auch den größten Binnenhafen der Welt besitzt.

Hafen	Güterumschlag
Duisburg	52,4
Marl	4,3
Gelsenkirchen	4,2
Hamm	3,6
Rheinberg	2,9
Lünen	2,9
Dortmund	2,0
Essen	1,5
Bergkamen	1,5
Bottrop	1,3
Wesel	0,9
Mülheim / R.	0,8
Herne	0,5
Castrop Rauxel	0,3
*Hamburg**	*145,7*
*Nanjing*** (China)*	*191,0*

M 1: *Güterumschlag der Ruhrgebietshäfen (in Mio. t; einschließlich Werkshäfen, 2014; * Seehafen; **größter Binnenhafen der Welt)*

Die Binnenschifffahrt im Ruhrgebiet verfügt über beste Voraussetzungen. Zum einen verbindet der Rhein, Europas meist befahrene Wasserstraße, das Ruhrgebiet mit der Nordsee und den zahlreichen Häfen rheinaufwärts. Zum anderen steht ein dichtes Netz von Kanälen als Teil des westdeutschen Kanalnetzes zur Verfügung (M2). Über diese sind Verbindungen mit der Nordsee über Emden sowie mit der Ostsee über Weser, Elbe und Oder möglich. Auf Drängen der Montanindustrie des östlichen Ruhrgebiets, die gegenüber den nassen Hüttenwerken am Rhein deutliche Standortnachteile in Kauf nehmen musste, wurde 1899 der Dortmund-Ems-Kanal errichtet. Über diesen konnte Kohle exportiert und Erze importiert werden. Problematisch war der Höhenunterschied, der auf der Strecke bewältigt werden musste. Um dies zu bewerkstelligen, entschied man sich für ein Ab- bzw. Aufstiegsbauwerk in Form eines Schiffshebewerkes, das 14 Meter Höhenunterschied ausgleichen konnten. Dieses wurde später durch ein weiteres Hebewerk und zwei Schleusen ergänzt.

Die Verbindung nach Duisburg erfolgte über den Rhein-Herne-Kanal, der bald so stark frequentiert wurde, dass mit dem Wesel-Datteln-Kanal eine Entlastungsstrecke im Norden des Ruhrgebiets erbaut wurde. Dieser wiederum fand seine Entsprechung im östlichen Ruhrgebiet im Datteln-Hamm-Kanal, der als Stichkanal den Raum um Hamm für die Binnenschifffahrt erschloss. Verteiler und Drehkreuz im gesamten Wasserstraßennetz stellt das Dattelner Meer dar, wo alle Kanäle zusammentreffen. Zwölf öffentliche und 30 Werkshäfen stehen für den Güter- und Warenumschlag bereit. Besonders zu erwähnen sind Duisburg als größter Binnenhafen Europas und Dortmund als der größte Kanalhafen Europas.

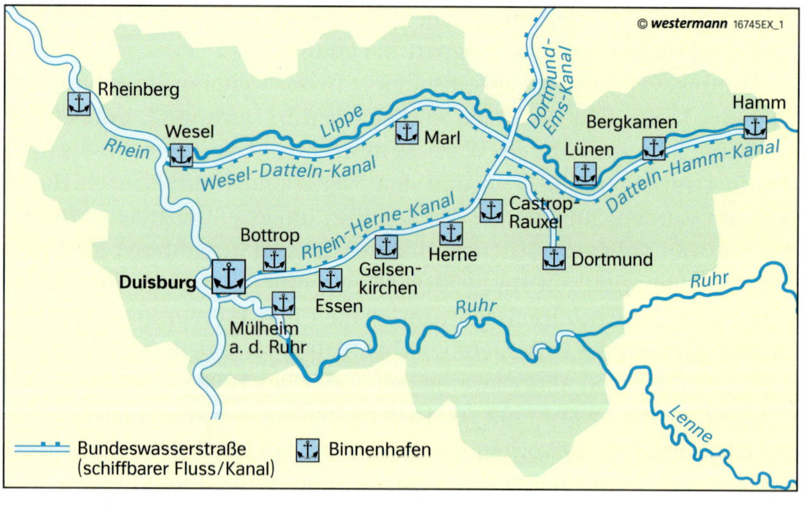

M 2: *Wasserstraßen und Häfen im Ruhrgebiet*

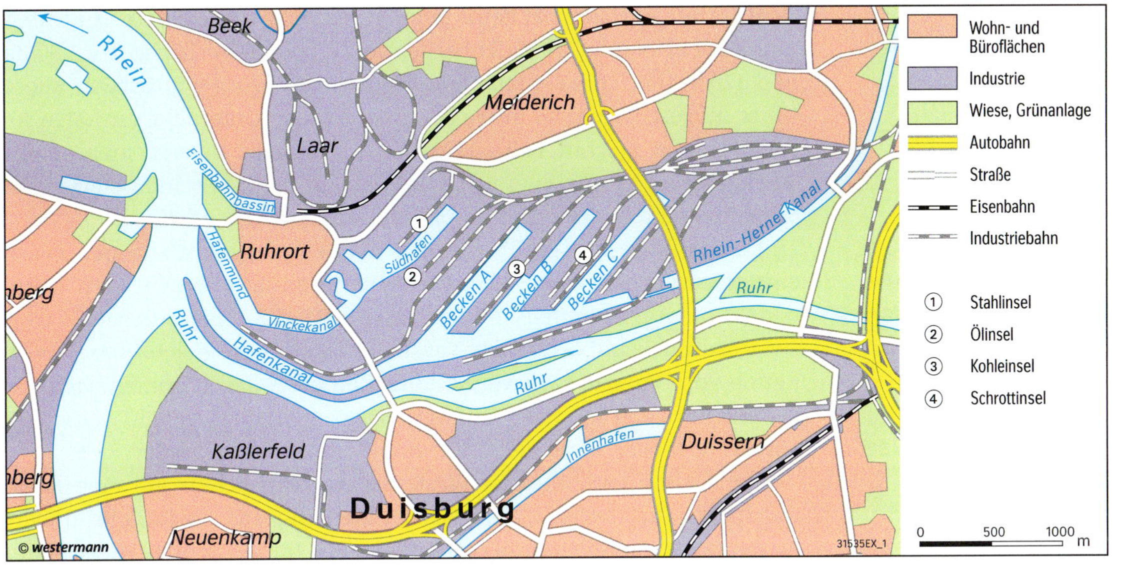

M 3: *Duisburg-Ruhrorter Häfen*

Der Hafen Duisburg, den etwa 20 000 Schiffe jährlich anlaufen, ist heute der Hinterland-Hub für die großen Seehäfen Amsterdam, Rotterdam und Antwerpen (ARA-Häfen) und der größte Containerbinnenhafen der Welt. Seit Anfang der 1990er-Jahre besitzt er Seehafenstatus und ein Freihafengelände, sodass Güter aus der ganzen Welt zoll- und umschlagsfrei gelagert, umgeschlagen und veredelt werden können. Die Reedereien im Hafen unterhalten Fluss-See-Verbindungen zu insgesamt 100 europäischen Häfen. Die Hafengesellschaft ist beteiligt an einem Seehafen-Terminal, dem Antwerp Gateway Terminal, und hat strategische Allianzen mit den Häfen von Dortmund, Bilbao, Memphis (USA), Xiamen (China), Rotterdam, Antwerpen und Middelburg.

Die Duisburger Hafen AG firmiert zusammen mit einigen Tochterunternehmen unter der Dachmarke „duisport". Sie allein beschäftigt 1 100 Mitarbeiter. Im gesamten Hafen, in dem mehr als 300 Transport- und Logistikunternehmen ansässig sind, arbeiten circa 20 000 Menschen, was etwa 13 Prozent der Duisburger Arbeitsplätze entspricht.

Hub
zentraler Umschlagplatz, in dem Warenströme gesammelt und nach Zielregionen in alle Richtungen sortiert und umgeladen werden

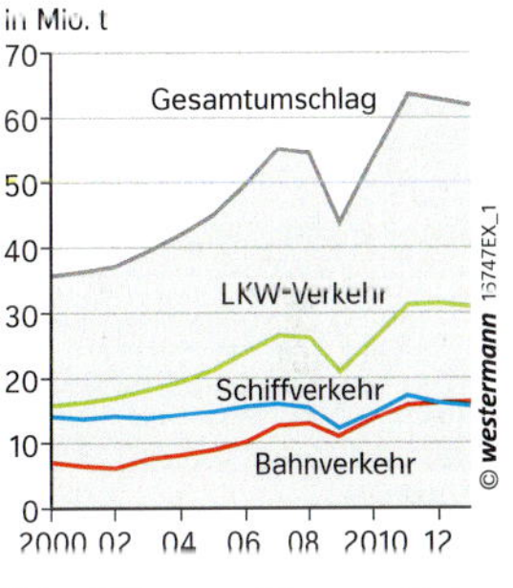

M 4: *Güterumschlag am Duisburger Hafen nach Verkehrsmitteln*

M 5: *Containerterminal im Duisburger Hafen*

Der Duisburger Hafen hat heute eine Grundfläche von 1350 ha. Der Güterumschlag erfolgt an 21 Hafenbecken mit einer Wasserfläche von 180 ha und 37 km Uferlänge (16 km mit Gleisanschluss). 2014 wurden 64,7 Mio. t Güter umgeschlagen, inklusive der acht privaten Unternehmenshäfen sogar 131,1 Mio. t (Schiff, Bahn, LKW). 2005 schlug der Hafen erstmals mehr Stückgüter als Massengüter um, was vor allem auf den ständig steigenden Containerverkehr zurückzuführen ist (3,4 Mio. TEU/Jahr, 2014).

Weitere Serviceeinrichtungen:

- *6 Stahl-Service-Center für die Bearbeitung von Stahlprodukten*
- *19 Anlagen für Flüssiggutumschlag*
- *130 Krananlagen mit Hebekapazitäten von bis zu 500 t Tragfähigkeit*
- *Umschlagplatz für Schwer- und Sperrgut mit einem stationären Kran bis 500 t und einem mobilen Raupenkran bis 100 t*
- *Kohlenmisch- und Verladeanlage*
- *5 Importkohleterminals*
- *2 Mio. m² überdachte Lagerfläche*
- *9 wasserüberragende Hallen für den nässegeschützten Umschlag*

Der Hafen verfügt darüber hinaus über eine breite Palette an Serviceeinrichtungen wie Kräne oder Containerterminals. So existieren heute neun Containerterminals mit insgesamt 21 Containerbrücken, davon zwei Terminals mit bis zu acht Parallelgleisen für die gleichzeitige Abfertigung von Ganzzügen. Zwei Roll-on-/Roll-off-Anlagen ermöglichen das Be- und Entladen von RoRo-Schiffen, wobei die Ladung per LKW oder Zug auf das oder vom Schiff gefahren wird (Kombinierter Verkehr, KV).

Der Duisburger-Ruhrorter Binnenhafen kann bereits auf eine lange Geschichte zurückblicken. Ein erster Hafen entstand im 16. Jahrhundert im heutigen Stadtteil Ruhrort als Anlegestelle für kleine Handelsschiffe in Richtung Holland. In der ersten Hälfte des 19. Jahrhunderts wurde der Außen- und Innenhafen nahe der Altstadt zunächst Umschlagplatz für Grubenholz und Kohle und später für Getreide. Die Silos im Duisburger Hafen, zu jener Zeit als „Brotkorb des Ruhrgebiets" bezeichnet, waren Markenzeichen der größten Mühlenindustrie Westdeutschlands. Die zusammengelegten und stetig ausgebauten Häfen Duisburg und Ruhrort erfuhren in den 1960er-Jahren gewaltige Umstrukturierungen, unter anderem durch den zunehmenden Umschlag von Mineralöl und schließlich von Containern. In Ruhrort entstanden Containerterminals, die den trimodalen Verkehr ermöglichen, nämlich über Straße, Schiene und Wasser.

In den 1990er-Jahren beginnen die Planungen, den Duisburger Hafen auf neuen Flächen zu einem überregionalen logistischen Zentrum auszubauen, das als Schnittstelle zwischen den Verkehrsträgern Wasser, Schiene und Straße fungiert (trimodale Schnittstellen). Das Erfolgskonzept des Hafenbetreibers duisport, Logistikzentren auf geeigneten Flächen außerhalb des eigentlichen Hafengebietes mit entsprechender infrastruktureller Ausstattung anzusiedeln, erhielt den Namen „logport". Das Konzept basiert auf der Revitalisierung ehemaliger Industrieflächen, die von der Montanindustrie zuvor aufgegeben wurden. So wird 1998 mit der Entwicklung und Vermarktung des 2 650 000 m² großen ehemaligen Krupp-Hüttenwerk-Areals (logport I) im linksrheinischen Duisburg-Rheinhausen begonnen. Heute sind auf dem Areal rund 50 Unternehmen ange-

Trimodale Schnittstellen

Knotenpunkte zwischen drei Verkehrsträgern des Gütertransports (Wasser, Schiene, Straße). Diese sind somit logistische Drehscheiben in der Güterverarbeitung und im Gütertransport.

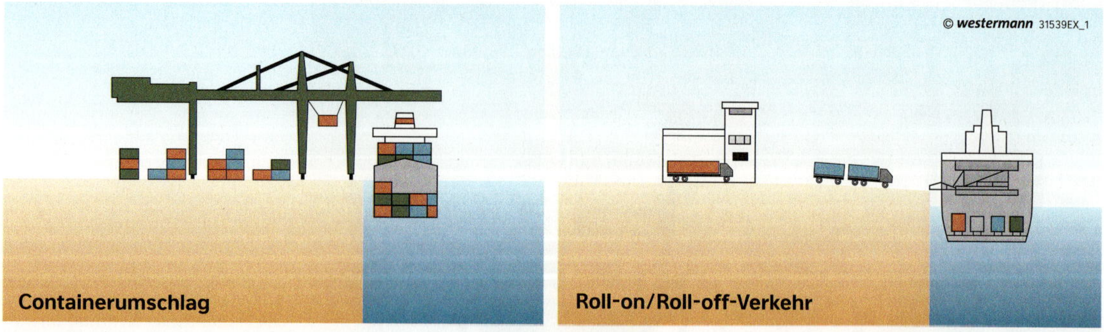

M 1: *Formen des Gütertransports*

M 2: *logport I: trimodaler Logistikstandort, Duisburg-Rheinhausen*

siedelt, darunter führende Logistikunternehmen wie Kühne + Nagel, DB Schenker, DHL oder NYK / Yusen Logistics. Neben drei intermodalen Terminals stehen 650 000 m² Hallenfläche zur Verfügung, darunter mehrere europäische Distributionszentren für Firmen wie Danone Waters, Hewlett Packard, Johnson & Johnson oder Siemens. Seit 1999 sind über 4000 direkte Arbeitsplätze am Standort logport I entstanden. Der Ausbau des alten Krupp-Werkshafens, die Errichtung des Duisburg Intermodal Terminals (DIT), des Duisburg Trimodal Terminals (D3T) und des Duisburg Kombiterminals (DKT) sowie der Bau des Vorbahnhofs bildeten daher eine wichtige Basis für die erfolgreiche Vermarktung der Flächen.

Schnell waren die vorhandenen Flächenreserven vermarktet, sodass bereits 2006 auf der anderen Rheinseite, gegenüber von logport I, das 350 000 m² große Areal der ehemaligen MHD Metallhütte im Duisburger Stadtteil Wanheim/ Angerhausen zu logport II umfunktioniert wurde. Mit finanzieller Unterstützung des Landes Nordrhein-Westfalen und der Europäischen Union sind 60 Mio. Euro investiert worden, um die Schadstoffe auf dem Gelände zu beseitigen. Seit August 2013 ist hier unter anderem das weltweit größte CKD-Logistikzentrum der AUDI AG ansässig.

Auf dem Gelände des ehemaligen DB-Rangierbahnhofs in Duisburg-Hohenbudberg ging Anfang 2013 das neue bimodale Terminal logport III in Betrieb. Ein niederländisches Logistikunternehmen bietet von hier aus mit 50 Zügen wöchentlich umfangreiche Gütertransporte zum Beispiel nach Skandinavien an. Im September 2013 wurde eine direkte, nicht-öffentliche Verbindungsstraße zwischen dem Chemiepark Krefeld-Uerdingen und logport III eingeweiht. Durch das gemeinsame Projekt von Currenta, dem Betreiber des Chemieparks, und duisport, wird ein erheblicher Teil von Chemietransporten der dort ansässigen Unternehmen auf die Schiene verlagert.

Das Erfolgskonzept soll sich fortsetzen. So stehen zurzeit auf ehemaligen Industrieflächen Logistikgrundstücke zur Vermarktung an, wie im Falle von logport IV in Kamp-Lintfort oder aber befinden sich in der Pla-

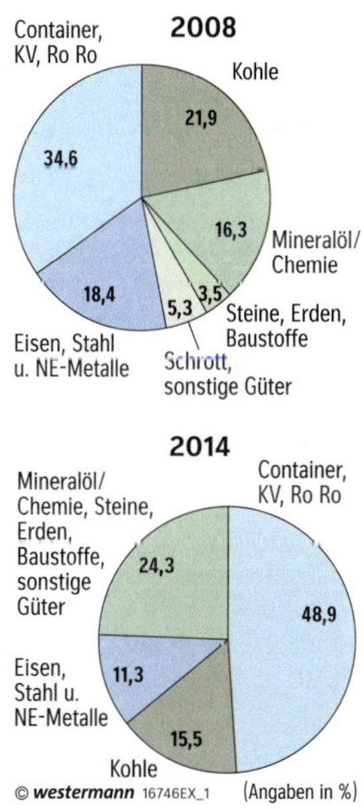

M 3: *Umschlag nach Gütern im Duisburger Hafen (2008 und 2014)*

1. Analysieren Sie die Standortvorteile Duisburgs für die Logistikbranche.

2. Erläutere aus logistischer Sicht die Sinnhaftigkeit einer Bahnverbindung Chongqing – Duisburg.

3. Erörtern Sie die Bedeutung der Logistik-Branche für den sozioökonomischen Strukturwandel in Duisburg / im Ruhrgebiet.

nungsphase, wie logport V nahe der Autobahn A2 in Oberhausen. Die Entwicklung von brachliegenden Industrieflächen in der Rhein-Ruhr Region zu modernen Logistikarealen wird sich auch in Zukunft fortsetzen. Für diese Flächenentwicklungen ist unter Beteiligung der Duisburger Hafen AG und der RAG Montan Immobilien GmbH die logport ruhr GmbH zuständig.

Ähnliche Entwicklungen, die zur Stärkung der Logistikwirtschaft beitragen wie in Duisburg, lassen sich – in geringerem Ausmaß – ebenfalls im mittleren und östlichen Ruhrgebiet feststellen. Dabei stellt sich die Frage, ob man auch dort von einem Logistik-Cluster wie im Falle Duisburgs sprechen kann.

M 1: Quellentext zur Eisenbahnverbindung Duisburg – China

Originalbeitrag des Autoren, 2015

Yuxinou ist ein Kunstwort aus den chinesischen Wörtern für Chongqing (Yu), Bahn (Xin) und neu (Ou).

Seit 2012 geht mehrmals in der Woche der Yuxinou-Containerzug von Chongqing in Mittelchina auf die Reise zum Duisburger Innenhafen. 13 Fahrtage benötigt der 51 Containerwagons lange Zug für die 11 200 km lange Strecke von dem am Jangtsekiang gelegenen Logistik-Hub über Kasachstan, Russland, Weißrussland und Polen bis zum Logistikzentrum Duisburg. Der Transport der im Ballungsraum von Chongqing hergestellten Textil- und Elektronikwaren (vor allem Laptops, Bildschirme und Drucker) via Bahn nach Europa ist etwa 40 Prozent preisgünstiger als die Luftfracht, aber doppelt so teuer wie eine Verschiffung. Eine Schiffspassage über den Jangtsekiang und den Seehafen Shanghai nach Deutschland würde 45 bis 60 Tage dauern. Von der Inbetriebnahme des Yuxinou im August 2012 bis Ende 2014 wurden 233 Fahrten durchgeführt und 5,4 Mio. Tonnen Ware im Wert von sechs Milliarden Euro transportiert. Aus Deutschland bzw. Europa werden per Bahn in den Raum Chongqing vor allem Autos und Autoersatzteile, aber auch Holz und Chemieerzeugnisse exportiert.

M 2: *logport III: bimodaler Logistikstandort in Duisburg-Hohenbudberg*

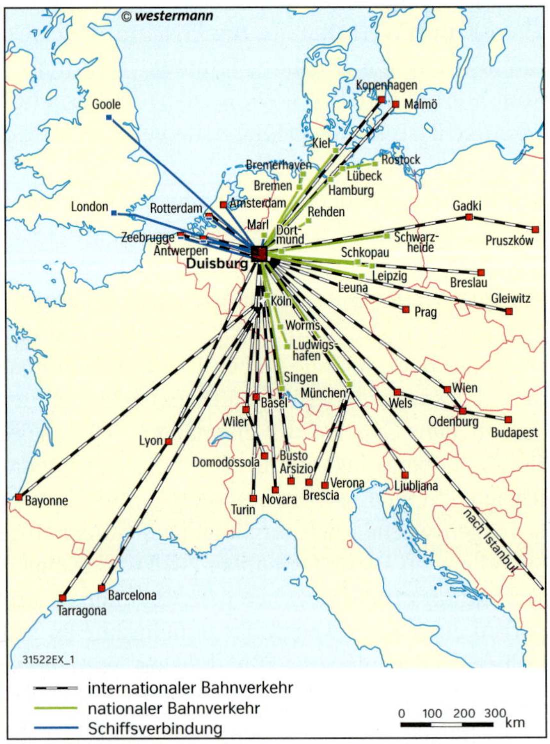

M 3: *Verbindungen des Hafens Duisburg im Kombinierten Verkehr*

4 Das Ruhrgebiet als demographisches Experimentierfeld

Demographisch gesehen hat das Ruhrgebiet Deutschland einiges voraus. Trends, die sich mit den Schlagworten „Bunter, Weniger, Älter“ zusammenfassen lassen, traten hier eher und ausgeprägter auf als anderswo. Mittlerweile begreift dies die Region durchaus als Chance und versteht sich in Zeiten des demographischen Wandels als eine Art Experimentierfeld. So hat sich im Ruhrgebiet eine Senioren- und Gesundheitswirtschaft entwickelt, die einen wirtschaftlichen Nutzen aus dem Trend der Überalterung ziehen will.

4.1 Demographische Herausforderungen

Das Ruhrgebiet ist mit rund fünf Millionen Einwohnern (2014) noch immer der größte Ballungsraum Deutschlands. Lange Jahre nahm die Einwohnerzahl ab. Dieser Trend wurde aufgrund der hohen Zuwanderung seit den 2010er-Jahren gestoppt. Zwei andere Trends bleiben aber bestehen: Der relative Anteil der Bewohner mit Migrationshintergrund wird größer, und das Revier, ehemals Magnet für junge Menschen, altert.

„Flucht aus grauen Städten, zurück bleiben Arbeitslose, Alte und Ausländer", so düster beschrieb 2005 die Studie „Deutschland 2020" des Berlin-Instituts für Bevölkerung und Entwicklung die demographische Entwicklung im Ruhrgebiet. Tatsächlich nimmt das Ruhrgebiet bezogen auf das „Bunter, Weniger, Älter" seiner Bevölkerung eine besondere Stellung im gesamtdeutschen Vergleich ein. Hohe Ausländeranteile, Bevölkerungsverlust und zunehmende Überalterung werden zwar in ganz Deutschland beobachtet, im Ruhrgebiet sind die Phänomene aber besonders frühzeitig und stark aufgetreten.

	Frauen	Männer
1910	48,3	44,8
1934	62,8	59,9
1962	72,4	66,9
1995	79,5	73,0
2005	81,8	76,2
2012	82,8	77,7

M 1: *Veränderung der durchschnittlichen Lebenserwartung in Deutschland*

Mehr als 632 000Ausländer lebten 2014 im Ruhrgebiet. Die höchste Ausländerquote weist Duisburg mit 18,4 Prozent auf (vgl. 4.3). Im Gegensatz zur ausländischen Bevölkerung anderer deutscher Großstädte ist der Anteil der Personen mit türkischer Staatsangehörigkeit und aus dem ehemaligen Staatsgebiet Jugoslawiens besonders hoch (M3, S. 21). Zudem führt die räumliche Konzentration von Ausländern, einkommensschwachen Familien, Alleinerziehenden und Arbeitslosen vor allem in den nördlichen Teilen der Ruhrgebietsstädte zu einer starken innerstädtischen Polarisierung. Aus der demographischen Perspektive können drei Ursachenfelder für diese Entwicklung angeführt werden: Zum einen bekommen Ausländerfamilien im jüngeren Alter und zahlenmäßig mehr Kinder als deutsche Familien. Außerdem hat sich seit 2010 die Zuwanderung von Ausländern (durch Flüchtlinge aber auch Familiennachzüge) stark erhöht. Zum anderen verlassen viele jüngere Deutsche das Ruhrgebiet, entweder um sich als Suburbanisierungswanderer in den mehr ländlich geprägten benachbarten Kreisen vor allem nördlich des Ruhrgebiets niederzulassen, oder um in den wirtschaftlich boomenden Metropolregionen Deutschlands eine ihrer Qualifikation adäquate Beschäftigung zu finden (vgl. 4.2).

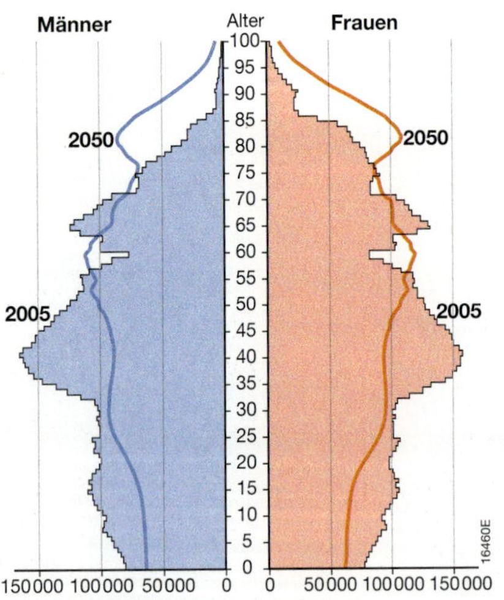

M 2: *Altersaufbau der Bevölkerung im Ruhrgebiet 2005 und 2050*

Diese Abwanderungsprozesse jüngerer Bevölkerungsanteile führen zu einer Alterung der Bevölkerung im Ruhrgebiet. Darüber hinaus kann sich das Ruhrgebiet auch nicht vom demographischen Wandel abkoppeln, in dem sich viele europäische Länder und auch Deutschland befinden. Eine seit den 1970er-Jahren zu verzeichnende niedrige Geburtenrate bei steigender Lebenserwartung (M 1) führt so ebenfalls zur Alterung der Bevölkerung. Diese Entwicklung geht einher mit einer Schrumpfung der Bevölkerungszahlen. Jüngste Prognosen vom Statistischen Landesamt in Nordrhein-Westfalen (IT.NRW) aus dem Jahr 2014 gehen davon aus, dass im Ruhrgebiet 2040 knapp 200 000 Ein-

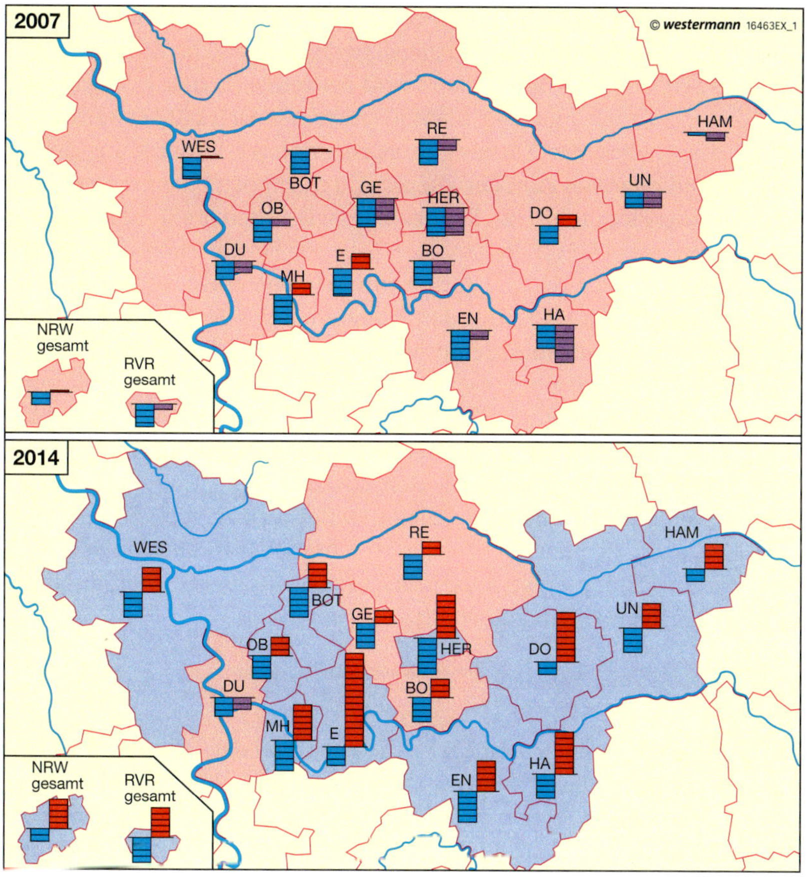

1. *Beschreiben Sie die Wanderungsbilanz und die natürliche Bevölkerungsentwicklung im Ruhrgebiet am Beispiel der Kreise Ennepe-Ruhr, Recklinghausen, Wesel und der Stadt Essen.*
2. *Analysieren Sie auf Grundlage von M 2 bis M 4 demographische Entwicklungen im Ruhrgebiet.*

M 3: *Natürliche Bevölkerungsentwicklung und Wanderungsbilanz 2007 und 2014 im Ruhrgebiet*

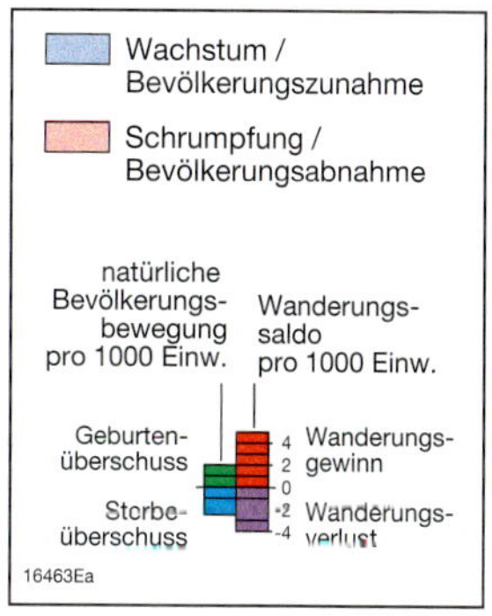

wohner weniger leben werden als 2014. Wie schnell sich solche Bevölkerungstrends ändern können, spiegelt sich in den demographischen Kennzahlen von 2007 und 2014 der natürlichen Bevölkerungsbewegung und der Wanderungsbilanz wider, in die jeweils die Sterbe- oder Geburtenüberschüsse und die Wanderungsverluste oder -gewinne eingehen (M 3).

Die meisten Großstädte des Ruhrgebiets verzeichneten (vor der Zuwanderungswelle) hohe Bevölkerungsverluste und besitzen im Vergleich zu vielen Metropolen Deutschlands eine untypische Altersstruk-

	1990	2000	2010	2014
Dortmund	599 100	589 000	580 444	580 511
Bochum	396 500	391 200	374 737	361 876
Essen	627 000	595 200	574 635	573 784
Duisburg	535 500	514 900	489 559	485 465
Kreisfreie Städte des RVR	3 544 400	3 444 700	3 309 490	3 269 608
Kreise (des RVR)	1 851 900	1 914 500	1 840 817	1 785 026
Ruhrgebiet (=RVR)	5 396 300	5 359 200	5 150 307	5 054 634
NRW ohne Ruhrgebiet	11 953 400	12 650 600	12 694 847	12 583 464
Bundesrepublik Deutschland	79 753 200	82 259 500	81 751 602	81 197 537

	Anteil ausl. Bev. 1980	Anteil ausl. Bev. 2014
Dortmund	8,7 %	15,9 %
Bochum	6,4 %	10,8 %
Essen	5,2 %	13,4 %
Duisburg	13,0 %	18,4 %
Kreisfreie Städte des RVR	8,5 %	14,5 %
Kreise (des RVR)	7,0 %	8,9 %
Ruhrgebiet (=RVR)	8,0 %	12,5 %
NRW ohne Ruhrgebiet	8,1 %	11,5 %
Bundesrepublik Deutschland	k.A.	10,1 %

M 4: *Bevölkerungsentwicklung und Entwicklung des Anteils ausländischer Bevölkerung im Ruhrgebiet im Vergleich*

tur (M2). So sind die Altersjahrgänge bis 45 Jahre im Ruhrgebiet deutlich unterrepräsentiert, während die Altersjahrgänge von 60 bis 65 Jahren überrepräsentiert sind. Für Deutschland wird ein vergleichbarer Rückgang der Bevölkerungsanteile im erwerbsfähigen Alter erst nach 2022 erwartet.

Bei der Analyse der Alterung ist es sinnvoll, die Entwicklung der absoluten und relativen Zahl der älteren Altersgruppen zu betrachten und bevölkerungsgeographische Kennzahlen wie Altenanteil und Billeter-Maß einzusetzen. Steigt die absolute Zahl der Bevölkerung über 65 Jahre (65plus) sowie die relative Zahl, kann man von einer Alterung der Bevölkerung sprechen (M2). Um den Altenanteil der Bevölkerung bestimmen zu können, muss man den prozentualen Anteil der Älteren (z. B. der über 50-Jährigen, der über 65-Jährigen usw.) an der Gesamtbevölkerung berechnen. Die Berechnung dieses Wertes über verschiedene Zeitpunkte gibt dann Aufschluss über den Alterungsprozess der Bevölkerung.

Daten, die Auskunft über den altersstrukturellen Wandel geben, können durch die Berechnung des Billeter-Maßes verifiziert werden. Das Billeter-Maß setzt die noch nicht und die nicht mehr reproduktionsfähigen Bevölkerungsanteile einer Region ins Verhältnis zu den reproduktionsfähigen Bevölkerungsanteilen (M1).

$$\textbf{Billeter-Maß (J)} = \frac{\text{unter 15-Jährige} - \text{mindestens 50-Jährige}}{\text{15- bis unter 50-Jährige}}$$

Neben dem allgemeinen demographischen Trend der Überalterung sind heute im Alter einige neue Entwicklungen zu beobachten: Viele alte Menschen – vor allem Frauen – leben allein (Singularisierung und Feminisierung des Alters). Aufgrund der Ausdehnung der Altersphase können Altersgruppen (50plus, 65plus, 80plus) und deren Lebensstile unterschie-

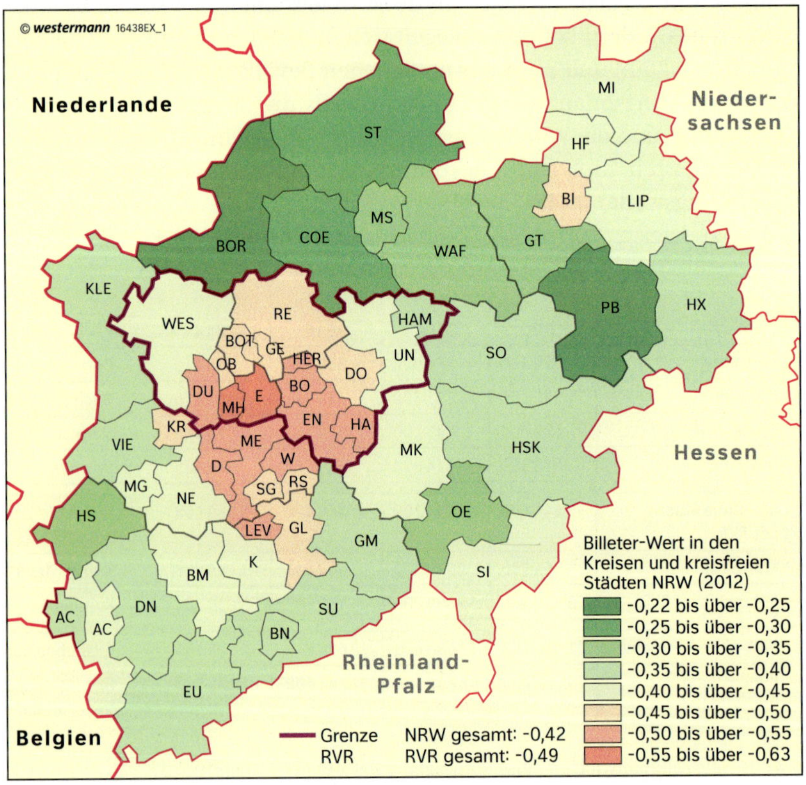

M 1: *Alterung der Bevölkerung in Nordrhein-Westfalen*

Bevölkerungsentwicklung (absolute Zahlen)	1980	1990	2000	2013
RVR	5 396 144	5 396 208	5 359 228	5 045 784
NRW	17 058 193	17 349 651	18 009 865	17 571 856
BRD	78 397 483	79 753 227	82 259 540	80 767 463

M 2: *Gesamtbevölkerung in Deutschland, Nordrhein-Westfalen und dem RVR-Gebiet*

65plus (absolute Zahl)	1980	1990	2000	2013
RVR	823 226	851 882	982 609	1 100 000
NRW	2 514 950	2 611 492	3 057 050	3 694 000
BRD	12 164 035	11 912 140	13 694 014	16 852 000

M 3: *Bevölkerungszahlen zur Altersgruppe 65plus in Deutschland, Nordrhein-Westfalen und im RVR-Gebiet*

den werden. Schließlich bleiben viele ältere Menschen physisch und psychisch länger fit, was letztlich zu einer Verjüngung des Alters führt.

Abgesehen von den allgemeinen Folgen des demographischen Wandels für den Arbeitsmarkt, für die Wirtschaft und die sozialen Sicherungssysteme stehen die Kommunen des Ruhrgebiets vor besonderen Problemen, die aus dem „Bunter, Weniger und Älter“ der Bevölkerung resultieren:

- Rückläufige Einnahmen der Kommunen erschweren Investitionen in infrastrukturelle Maßnahmen und führen zu Wettbewerbsnachteilen im Vergleich zu anderen Wirtschaftsregionen.
- Der Anteil der erwerbsfähigen Bevölkerung verringert sich überproportional, so dass eine Abnahme der wirtschaftlichen Leistungsfähigkeit befürchtet werden muss.
- Soziökonomische Ungleichgewichte verstärken sich in Stadtteilen, die hohe Bevölkerungsanteile mit Migrationshintergrund aufweisen, sodass Segregrationstendenzen zunehmen werden.

Da die Altersstruktur der Personen mit Migrationshintergrund deutlich jüngere Personengruppen aufweist als die der deutschen Bevölkerung ohne Migrationshintergrund, wird um das Jahr 2030 bereits die Mehrheit der Jugendlichen in vielen Städten des Ruhrgebiets aus Familien mit Migrationshintergrund stammen. Dieses Szenario hat für die zukünftige Entwicklung des Ruhrgebiets auch dahingehend Bedeutung, als ein schlechter Ausbildungsstand bei ausländischen Jugendlichen beklagt werden muss: 13 Prozent von ihnen verlassen die Schule ohne Abschluss, so dass ein großer Teil von Arbeitslosigkeit bedroht sein wird. Zurzeit ist nicht zu erwarten, dass der mit dem demographischen Wandel einhergehende Mangel an Facharbeitern und Akademikern über den relativ hohen Anteil von Jugendlichen mit Migrationshintergrund auch nur näherungsweise gedeckt werden kann.

Die demographischen Entwicklungen im Ruhrgebiet sind sowohl eine Herausforderung für die Bildungs- und Wirtschaftspolitik als auch für die Stadtplanung. Für letztere bieten sich gerade in der schrumpfenden Stadt gewisse Möglichkeiten (vgl. 5.2). Zudem gelten viele Projekte im Ruhrgebiet, die sich um eine Integration der Bevölkerung mit Migrationshintergrund bemühen, als besonders erfolgreich (vgl. 4.3). Schließlich haben Politik und Wirtschaft im Ruhrgebiet erkannt, dass es notwendig ist, die Wirtschaft auch auf die Konsumwünsche älterer Menschen auszurichten und gezielt eine Gesundheits- und Seniorenwirtschaft zu fördern (vgl. 4.4).

Da das Ruhrgebiet gewissermaßen als Vorläufer für viele in Deutschland zukünftig zu erwartender demographischer Entwicklungen fungiert – es ist der gesamtdeutschen Entwicklung circa 25 Jahre voraus – kann man sich fragen, ob dem Ruhrgebiet bereits heute die Funktion einer Pilotregion als Laboratorium des demographischen Wandels zuzuweisen ist.

1. *Berechnen Sie den Anteil der Gruppe 65plus im RVR-Gebiet, in NRW und in der Bundesrepublik (M 2, M 3).*
2. *Beschreiben Sie die räumliche Verteilung des Billeterwertes in Nordrhein-Westfalen.*
3. *Begründen Sie diese Verteilung.*

4.2 Schrumpft das Ruhrgebiet weiter?

Spätestens in den 1990er-Jahren stellte man sich im Ruhrgebiet auf eine andauernde Schrumpfung ein. Schließlich waren die Bevölkerungszahlen jahrzehntelang kontinuierlich zurückgegangen. Die in den 2010er-Jahren einsetzende Zuwanderung relativiert allerdings alle Prognosen und die damit verbundenen Szenarien.

Fertilitätsrate

Geburtenzahl pro Frau; rein rechnerisch müssen circa 2,1 Kinder pro Frau geboren werden, um die Bevölkerungszahl eines Landes wie Deutschland ohne Zuwanderung konstant zu halten

Das Ruhrgebiet hat von 2000 bis 2014 über 300 000 Einwohner verloren. Dies hängt zum einen mit einer relativ geringen Fertilitätsrate (Ruhrgebietsstädte: 1,3 – 1,4) und einer zumeist vergleichsweise geringen Geburtenzahl zusammen. Gründe hierfür liegen im hohen Anteil städtischer Strukturen im Ruhrgebiet. Ein städtischer Lebensstil ist häufig mit einer geringen Kinderzahl verbunden. Die Schrumpfung der Ruhrgebietsbevölkerung war zum anderen als Echo jahrzehntelanger Abwanderungen gerade jüngerer Altersgruppen in der Phase der Familienbildung zu erklären. Vor allem der Kern des Ruhrgebiets, die kreisfreien Städte, wies seit den 1970er-Jahren – unterbrochen lediglich durch Bevölkerungsgewinne kurz nach der deutschen Wiedervereinigung 1989 – hohe Verluste der Wohnbevölkerung durch einen negativen Wanderungssaldo auf. Zuwanderungsgewinne waren hingegen lange Zeit gering.

Diese Bevölkerungsverluste der vergangenen Jahrzehnte lassen sich primär durch eine Suburbanisierungswanderung in das mehr ländlich geprägte Umland nördlich des Ruhrgebiets erklären. Vor allem die im niederrheinischen Umland sowie im südlichen Münsterland gelegenen Gemeinden, die verkehrstechnisch gut an das Ruhrgebiet angebunden sind, konnten

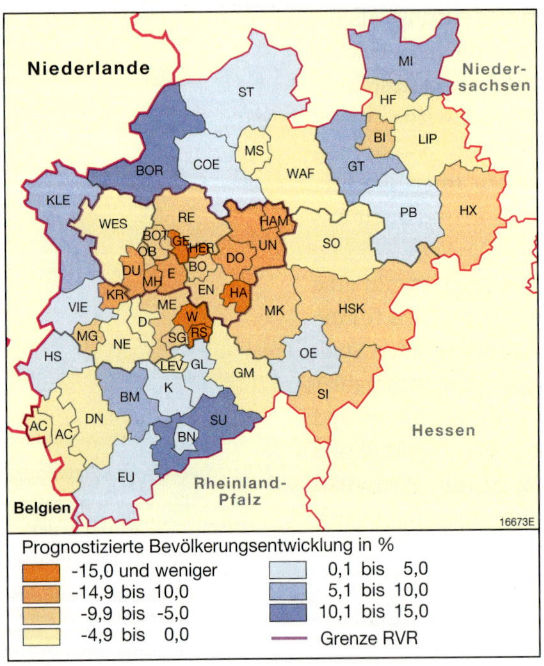

M 1: *Prognostizierte Bevölkerungsentwicklung 2000 – 2020 im Ruhrgebiet und NRW (Erscheinungstermin 2000)*

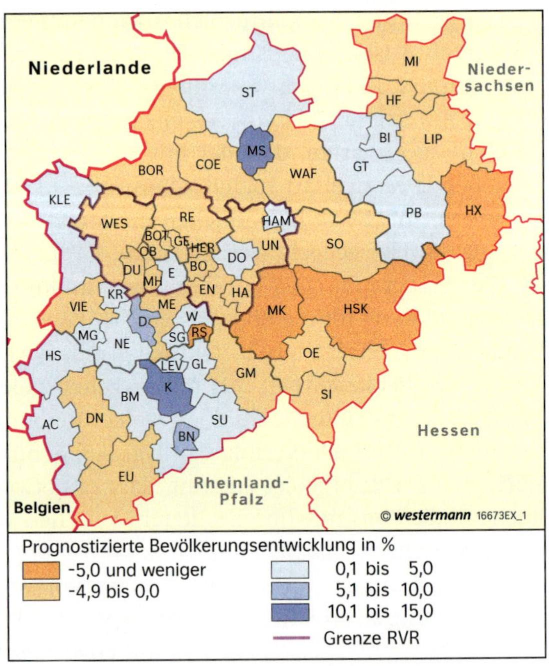

M 2: *Prognostizierte Bevölkerungsentwicklung 2014 – 2025 im Ruhrgebiet und NRW (Erscheinungstermin 2014)*

aufgrund eines preiswerten Angebots an Wohnimmobilien in einer zudem attraktiven landschaftlichen Umgebung von einer solchen Zuwanderung aus den stark urbanisierten Ruhrgebietsstädten profitieren. Paarhaushalte und Familien mit Kindern realisieren mit dem Umzug zumeist den Erwerb einer – in den letzten Jahren häufiger auch gebrauchten – Doppelhaushälfte oder eines Reihenhauses mit einem kleinen Garten. Die Suburbanisierungswanderer verfügen überwiegend über ein mittleres bis gehobenes Einkommen und haben nur selten einen Migrationshintergrund. Vor allem die Suburbanisierungswanderer aus den nördlichen Teilen der Ruhrgebietsstädte (z.B. Stadteile Duisburg-Hamborn, Duisburg-Marxloh, Gelsenkirchen-Bismarck bzw. Dortmund-Nordstadt) geben neben den genannten Pull-Faktoren auch Push-Faktoren für ihre Abwanderung an. Dazu zählen das schlechte soziale Umfeld und eingeschränkte Entfaltungsmöglichkeiten für ihre Kinder.

Pull- und Push-Faktoren

Push-Faktoren (engl.: „to push", „drücken") beinhalten die Summe der Einflüsse auf die Menschen im Abwanderungsgebiet, die Pull-Faktoren (engl.: „to pull", „ziehen") die der Anziehungskräfte im Zuwanderungsgebiet.

Die Bevölkerungsentwicklungen der letzten 20 Jahre führten zu Prognosen, die sogar noch einen beschleunigten Bevölkerungsverlust im Ruhrgebiet vorhersagten (M1). Gelegentlich war sogar von einer Bevölkerungsimplosion die Rede. Doch die starke Zuwanderung besonders in die Kernstädte des Ruhrgebiets durch internationale Migranten – ausgelöst durch die Wirtschafts- und Finanzkrise (Spanien, Griechenland), den arabischen Frühling und die Bürgerkriege in Syrien und Irak sowie den familiären Nachzug aus Südosteuropa – haben den aktuellen Trend umgekehrt (M3). Für ganz Nordrhein-Westfalen wurde 2014 plötzlich ein Bevölkerungswachstum von einem Prozent bis 2025 vom IT.NRW vorhergesagt, auch einige Ruhrgebietsstädte sollen wachsen (Gesamt-Ruhrgebiet -0,8 %, M2). Bis 2040 soll die Ruhrgebietsbevölkerung dann allerdings um 3,9 Prozent abnehmen, auch wenn Dortmund (5,1 %) und Essen (3,6 %) Bevölkerungsgewinne aufweisen werden. Verlierer wären bei der zukünftigen Entwicklung aber weiterhin die ländlichen Räume.

	Nat. Bevölkerungsbewegung / 1000 Ew.	Wanderungssaldo / 1000 Ew.
2000	-13 518	-7037
2010	-22 594	495
2014	-18 968	25 847

M 3: *Natürliche Bevölkerungsbewegung pro 1000 Ew. und Wanderungssaldo pro 1000 Ew. im Ruhrgebiet 2000, 2010, 2014*

Mit dem Umschwenken der Bevölkerungsprognose wird natürlich auch eine Neubewertung politischer Planungsprozesse verbunden sein, zum Beispiel durch die Zunahme der Bevölkerung im erwerbsfähigem und schulpflichtigem Alter (Schulen und Lehrer). Die Probleme, die sich durch eine zunehmende Alterung ergeben, sind jedoch die gleichen geblieben (vgl. 4.4).

Auch wird sich die sozio-ökonomische Polarisierung zwischen einzelnen Stadtgebieten durch die Zuwanderung im Ruhrgebiet eher noch verstärken. In bestimmten Stadtteillagen der Kernstädte des Ruhrgebiets konzentrieren sich Arme, Alte, Ausländer und Aussiedler sowie Arbeitslose und Alleinerziehende. Solche Problemstadtteile befinden sich vor allem im Norden des Städtebands zwischen Duisburg und Dortmund (vgl. 4.3), in dem die in der Nähe der Industrien errichteten Werkssiedlungen liegen, die im Zuge des sozialen Wohnungsbaus der 1960er-/1970er-Jahre noch um heute unattraktive Großwohnsiedlungen ergänzt wurden (vgl. 5.1). In etwa trennt der Verlauf der das Ruhrgebiet von West nach Ost mittig querenden Autobahn A40 („Sozialäquator") in erster Näherung gehobene Stadtteillagen im südlichen Ruhrgebiet von den problembehafteten Stadtquartieren im Norden. Es besteht die Gefahr, dass die sozio-ökonomischen Erosionsprozesse in den nördlichen Stadtteilen des Ruhrgebiets noch größer werden. Es drohen fragmentierte Stadtstrukturen, ein Mosaik aus Leuchtturmprojekten auf der einen Seite und Problemstadtteilen auf der anderen Seite, die von Leerständen, Brachflächen und sozio-ökonomischer Segregation geprägt sind.

1. *Nennen Sie Push- und Pullfaktoren für die Suburbanisationswanderung aus den Kernstädten des Ruhrgebiets in das Umland.*
2. *Vergleichen Sie die beiden Bevölkerungsprognosen (M 1, M 2).*
3. *Beurteilen Sie die Verlässlichkeit und Aussagekraft von Bevölkerunsgprognosen.*
4. *„Durch die Zuwanderungswelle wird die Schrumpfung des Ruhrgebiets nur aufgeschoben." Nehmen Sie Stellung zu dieser Aussage.*

4.3 Duisburg-Marxloh – ein fragmentierter Stadtteil?

In den gerne beschönigend als „bunt" charakterisierten Stadtteilen des Ruhrgebiets mit hohen und zunehmenden ausländischen Bevölkerungsanteilen kumulieren die sozialen und ökonomischen Probleme. In Duisburg-Marxloh wird seit geraumer Zeit versucht, Segregation, städtebaulichen Verfall und die Entwicklung einer Parallelgesellschaft aufzuhalten.

Personen mit Migrationshintergrund
nach Definition des Statistischen Bundesamts alle nach 1949 auf das heutige Gebiet der Bundesrepublik Deutschland Zugewanderten, sowie alle in Deutschland geborenen Ausländer und alle in Deutschland als Deutsche Geborenen mit zumindest einem zugewanderten oder als Ausländer in Deutschland geborenen Elternteil (zweite oder dritte Generation)

In Deutschland leben 15,3 Millionen Einwohner (2006) mit Migrationshintergrund. Die Bevölkerung mit Migrationshintergrund umfasst 7,3 Mio. ausländische und 8,0 Mio. deutsche Staatsbürger.

Fast 65 Prozent der 19000 Einwohner Duisburg-Marxlohs haben einen Migrationshintergrund, 45 Prozent eine ausländische Staatsbürgerschaft (2014). Das Herkunftsland Türkei dominiert bei weitem, 69 Prozent der in Marxloh lebenden Ausländer sind Türken. In den letzten Jahren kam eine nicht unbeträchtliche Zuwanderung von Personen mit bulgarischer und rumänischer Staatsangehörigkeit hinzu, sodass im Gegensatz zu den Jahrzehnten zuvor die Einwohnerzahlen Duisburg-Marxlohs seit 2009 erstmals wieder ansteigen. Die für Ruhrgebietsstadtteile mit hohem Ausländeranteil typischen demographischen Kennzahlen und Entwicklungen gelten auch für Marxloh: Trotz einer hohen Geburtenrate, die sich in einem deutlich überdurchschnittlichen Anteil an Kindern und Jugendlichen in der Stadtteilbevölkerung dokumentiert, hat Marxloh in den letzten Jahrzehnten 30 Prozent seiner Bevölkerung eingebüßt.

Gerade der Wanderungssaldo der deutschstämmigen Bevölkerung war in den letzten Jahrzehnten immer stark negativ, was mit der sozio-ökonomischen Situation, einer hohen Umweltbelastung im Stadtteil, qualitativ schlechter Bausubstanz, aber auch durch den hohen Ausländeranteil erklärt wird. Detailanalysen zur demographischen Konstellation offenbaren weiterhin, dass besonders die Bewohner mit Migrationshintergrund geburtenstärker sind. Die Folge ist, dass die absolute Anzahl und der relative Anteil von Jugendlichen, die aus Familien mit Migrationshintergrund stammen, zunehmen. Mittlerweile weisen knapp 75 Prozent der Kinder Marxlohs im Alter bis sechs Jahren einen Migrationshintergrund auf.

Auch die Arbeitslosigkeit ist in Marxloh mit knapp 25 Prozent überdurchschnittlich hoch (Duisburg: 13 Prozent, 2015). In den letzten Jahren ist sie besonders unter den Anwohnern mit Migrationshintergrund angestiegen. Die Berufsstruktur wird überproportional von Arbeitern (62 %) dominiert. Das Bildungsniveau liegt deutlich unter dem städtischen Durchschnitt. Befragungen ergaben, dass circa 20 Prozent der Deutschen und circa 40 Prozent der Bevölkerung mit Migrationshintergrund keine abgeschlossene Lehre aufzuweisen haben.

Gründerzeit
Aufbruchphase der Industrialisierung. Typisch für den Gebäudebaustil der Gründerzeit sind vier- bis sechsgeschossige Gebäude mit dekorierten Fassaden.

Im Stadtteilbild herrscht auch heute noch die städtebauliche Vergangenheit vor. Marxloh ist ein gründerzeitlicher, von der Entwicklung der Montanindustrie geprägter Stadtteil. Er galt bis in die 1970er-Jahre als ein klassischer Arbeiterstadtteil Duisburgs mit einem durchaus attraktiven Stadtteilzentrum, das Marxloh den urbanen Charakter einer Kleinstadt verlieh. In der Zeit der florierenden Montanindustrie war Marxloh das Ziel von Arbeitsmigranten, die vor allem seit Anfang der 1960er-Jahre aus der Türkei nach Duisburg vermittelt wurden. In unmittelbarer Nähe des Stadtteilzentrums dokumentieren leerstehende Ladenlokale die schwie-

M 1: *Renovierte Arbeiterwohnsiedlung in Marxloh*

M 2: *Kokerei Schwelgern mit dem ThyssenKrupp-Stahlwerk*

rige sozio-ökonomische Situation im Stadtteil. Die Urbanität hat – vor allem aus Sicht deutscher Bewohner – gelitten. Hervorzuheben ist, dass die ethnische Ökonomie, hier besonders Geschäfte für Brautmoden, eine überregionale Kundschaft mit türkischem Migrationshintergrund anziehen.

Noch heute überwiegt in diesem Stadtteil die industrielle Nutzung: Marxloh ist zweiseitig von Werksarealen der Schwerindustrie (ThyssenKrupp) umschlossen und so – obwohl nur wenige hundert Meter vom Rhein entfernt – vom Rheinufer abgeschnitten (M3). ThyssenKrupp ist immer noch der größte Arbeitgeber. Der Anteil an Grünflächen im Stadtteil (ca. 15 %) ist deutlich unterdurchschnittlich. Seit Mitte der 1960er-Jahre ist Marxloh durch die Duisburger Stadtautobahn (A 59) in zwei Teile zerschnitten. Eine Zweiteilung zeigt sich auch in der ethnischen Zusammensetzung der Bevölkerung und der Wohnqualität: Während das Gebiet östlich der Autobahn überwiegend von Deutschen bewohnt wird und größtenteils mittlere, sogar gehobene Wohnstandards aufweist, findet sich eine deutlich schlechtere Wohnqualität in den industrienahen westlichen Vierteln des Stadtteils. Einzelne Wohnblocks oder Straßenzüge weisen einen türkischen Bevölkerungsanteil von mehr als 90 Prozent auf (M3). Hier spricht man von ethnischen Kolonien. Der häufig verwendete Ausdruck Ausländerghettos sollte vermieden werden, da hiermit ein zwanghafter Aufenthalt zum Ausdruck gebracht wird, der trotz aller Mobilitätsbarrieren des Wohnungsmarktes nicht gegeben ist.

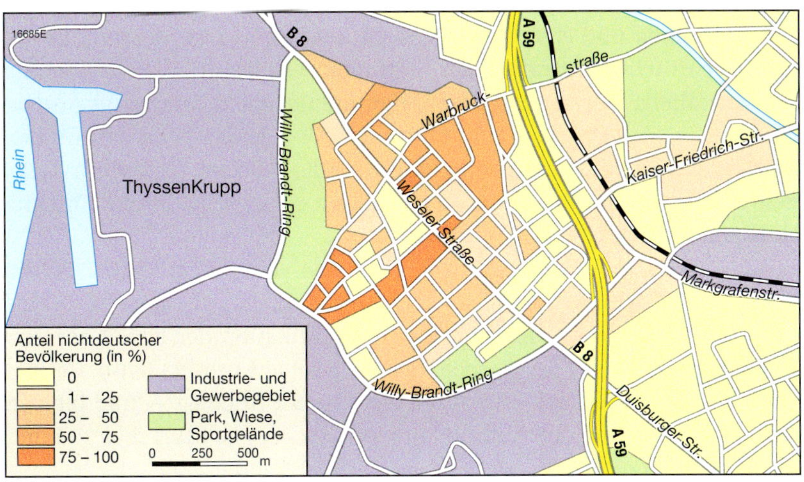

M 3: *Ethnische Segregation in Duisburg-Marxloh*

M 1: Quellentexte zum Besuch der Bundeskanzlerin Angela Merkel in Duisburg Marxloh im August 2015

Burger, R.: Merkel und die Leiden von Marxloh. Frankfurter Allgemeine Zeitung, 25.8.2015

Ausgerechnet im Problemviertel von Duisburg stellt sich Kanzlerin Merkel den Fragen der Anwohner. Eigentlich war Marxloh auf dem Weg zum Musterbeispiel für gelungene Integration, doch der Zustrom von Armutseinwanderern und Flüchtlingen überfordert die Stadt. [...] Zuletzt war der Stadtteil durch Rocker- und Bandenkriminalität in die Schlagzeilen überregionaler Medien geraten. Wie ernst die Lage mittlerweile ist, wurde vor kurzem durch einen vertraulichen Lagebericht des Duisburger Polizeipräsidiums deutlich. „Die Rechtspflicht des Staates zur Aufrechterhaltung der öffentlichen Sicherheit ist in solchen Stadtbezirken langfristig nicht gesichert beziehungsweise akut gefährdet", hieß es in dem Bericht. Die Gewerkschaft der Polizei warnte vor der Entstehung von „No-go-areas". Kriminellen Mitgliedern von Großfamilien gehe es darum, Viertel zu definieren, in denen sie nach eigenem Belieben schalten und walten könnten. In Duisburg etwa kämpfen mehrere rivalisierende Rockergruppen sowie libanesische, türkische, rumänische und bulgarische Gruppen um die Vorherrschaft. Nachdem sich der nordrhein-westfälische Innenminister Ralf Jäger (SPD) selbst ein Bild gemacht hatte, verstärkte er die Streifenpolizei durch Kräfte der Einsatzhundertschaft.

Polarisierung
Anwachsen sozialer Unterschiede

Segregation
ungleiche Verteilung von Bevölkerungsgruppen in einer Stadt sowie der Prozess, der dazu führt

Den Hintergrund der heute diagnostizierten kleinräumigen Polarisierung und Segregation der Bewohner mit Migrationshintergrund in Marxloh bilden (wohnungs-)politische Weichenstellungen der 1960er- und 1970er-Jahre. Thyssen-Werkswohnungen im westlichen Stadtteilgebiet boten vielen türkischen Arbeitnehmern einen preiswerten und arbeitsplatznahen Wohnraum, insbesondere als sich Anfang der 1970er-Jahre durch die Erleichterung des Familiennachzugs ihre Familien vergrößerten. Die räumliche Nähe zu Personen des gleichen Kulturkreises erleichterte vielen Neueinwanderern die Bewältigung des Alltags in einer neuen Umgebung und eröffnete die Chance, ethnisch-kulturelle Netzwerke aufzubauen. Auch heute noch wird, so zeigen Interviews im Stadtteil, die Nähe zu den eigenen Landsleuten geschätzt, allerdings werden vor allem die entstandenen Wohnnachteile thematisiert. Letztere sind Folge unzureichender Sanierungen und Modernisierungen. Einkommensstärkere Bevölkerungsgruppen – zunächst deutsche, mittlerweile aber auch türkische – haben den westlichen Teil Marxlohs verlassen, einkommensschwächere Personen mit Migrationshintergrund sind zurückgeblieben oder nachgezogen. Es kann von einer sich verfestigenden sozialen, ökonomischen und ethnischen Segregation gesprochen werden, die die gesellschaftliche Integration der Migranten erschwert und zur Bildung einer Parallelgesellschaft größerer Migrantengruppen beitragen kann. Insofern ist es Auftrag der Stadtpolitik, den Übergang aus der ethnischen Kolonie in die Mehrheitsgesellschaft mit allen Mitteln zu fördern. Gelegentlich diskutierte Zuzugssperren eröffnen dabei keine bessere Integrationsperspektive für die Bewohner.

Soziale Mobilität
Bewegung von Einzelpersonen und/oder Gruppen zwischen unterschiedlichen sozio-ökonomischen Positionen

Erfolgversprechende Maßnahmen einer aktiven Desegregationspolitik beinhalten die Förderung der sozialen Mobilität, die vor allem durch eine verbesserte schulische und berufliche Qualifikation der Bewohner und erhöhte Chancen auf dem Arbeitsmarkt gesteigert werden kann. Gelingt einer größeren Zahl von Migranten ein sozialer Aufstieg – und bleiben diese Personen dann auch im Stadtteil wohnen – so führt dies zu einer Desegregation.

M 2: *Leerstehendes Haus in Marxloh*

M 3: *Überregionaler Anbieter für türkische Brautmoden*

Das Ziel einer heterogenen Bevölkerungszusammensetzung [...] ist mit planerischen Mitteln offensichtlich kaum herstellbar. Die realen ökonomischen und gesellschaftlichen Gegenkräfte setzen sich gegen alle planerischen Vorgaben immer wieder aufs Neue durch. Zu diesen Gegenkräften zählt u. a. der Wunsch einkommensstärkerer Haushalte, sich gegenüber ärmeren abzugrenzen und sich nicht als Nachbarn haben zu wollen. Dies findet einerseits seinen Niederschlag in den Vermarktungsschwierigkeiten von Eigenheimen und Eigentumswohnungen in den benachteiligten Stadtteilen und andererseits in dem Fortzug derjenigen Haushalte aus diesen Stadtteilen, die den sozialen Aufstieg geschafft haben.

Die Stadtpolitik steht also vor einem Dilemma: Einerseits sollte sie Armutskonzentrationen auflösen und Übergänge aus ethnischen Kolonien in die Mehrheitsgesellschaft fördern, andererseits schwinden zusehends die Mittel, um dieser Aufgabe gerecht zu werden, während die ökonomischen und gesellschaftlichen Trends auf eine Verstärkung sowohl der sozio-ökonomischen als auch der ethnischen Segregation hinwirken und die Integration der Migranten zunehmend erschweren.

M4: Quellentext zu den Schwierigkeiten einer Desegregation und Integration in Marxloh
Bell, G.: Benachteiligte Bevölkerungsgruppen in „sozialen Brennpunkten". Duisburger Beiträge zur Soziologischen Forschung 4/2004

Stärken	Schwächen
• Grünflächen in Randlage, • günstiges Mietniveau, • freie Wohnungen, • gute ÖPNV-Anbindung, • gute Autobahnanbindung, • junger Stadtteil, • multi-ethnisches Flair im Stadtteilzentrum, • städtebauliche Aufwertung durch 400 Fassadenrenovierungen • überregional bekanntes Brautmoden-Cluster (Teil der Migrationsökonomie), • hohes Engagement der Bevölkerung in der Stadtteilplanung (diverse Bürgerforen, Nachbarschafts-Vereine).	• Industrieanlage trennt Stadtteil vom Rhein, • industrielle Umweltbelastungen, • teilweise extrem verdichtete Blockbebauung, • Wohnungen entsprechen häufig nicht heutigen Standards, • problembehaftete Zuwanderung aus Südosteuropa, • lange ÖPNV-Fahrzeiten zur Innenstadt, • A 59 trennt den Stadtteil, • gefährdete Bildungsteilhabe durch Sprachbarrieren und nicht ausreichender Bildungsinfrastruktur (z.B. Kindergartenplätze), • sehr hoher Anteil der Bevölkerung (ca. 45%) angewiesen auf Transferleistungen • sehr niedriges durchschnittl. Einkommen der Beschäftigten • Urbanitätsverlust für deutschen Bevölkerungsanteil, • hohe Kriminalität, Konflikte zwischen Bevölkerungsgruppen.

M 5: *Schwächen- und Stärkenanalyse des Stadtteils Marxloh*

(verändert nach: Integriertes Handlungskonzept Duisburg-Marxloh)

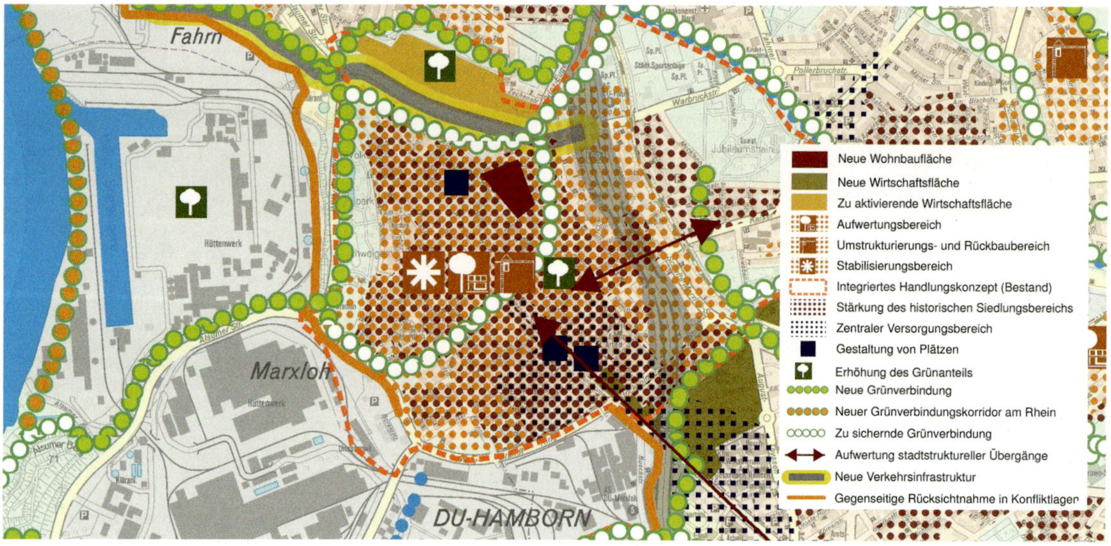

M 1: *Teilräumliches Strategiekonzept im Rahmen von Duisburg2027 (2014)*

M 2: Stadtplanungen für Marxloh im Konzept Duisburg 2027
nach Entwicklungsgesellschaft Duisburg mbH: Integriertes Handlungskonzept Duisburg-Marxloh. Duisburg, 2015

- *Schaffung von qualitativ hochwertigem Grün- und Freiraum durch Rückbau von 80 Wohneinheiten mit dem Ziel der Verbesserung der Wohn- und Lebensqualität und einer Stabilisierung der Einwohnerzahlen und der soziostrukturellen Situation.*
- *Sanierung von Wohnungen zur Erfüllung von Mindestwohnstandards und Anpassung des Wohnungsangebotes an Familien mit zwei und mehr Kindern.*
- *Maßnahmen zur Sicherung des sozialen Friedens durch z.B. konsequente Bekämpfung von Kriminalität.*
- *Ausbau und Öffnung der Bildungsinfrastruktur, z. B. Ausbau der Herbert-Grillo-Gesamtschule.*

Die Herbert-Grillo-Gesamtschule (HGG) soll nach einem Umbau ab 2019 mit zusätzlichen Kapazitäten für Seiteneinsteigerklassen ausgestattet werden, um sich damit den besonderen Bildungsbedürfnissen im Stadtteil auch stellen zu können. Weiterhin könnten dann über freiwillige Zusatzangebote diverse Zielgruppen im Stadtteil mit Bildungsangeboten auch außerhalb der Schulzeiten angesprochen werden. Die Schule hat den Wunsch, sich mehr als bisher für den Stadtteil zu öffnen und nicht nur Ort des Lernens während der Unterrichtszeiten, sondern ein Lebensraum zu sein, der auch im Nachmittags- und Abendbereich, am Wochenende und losgelöst von der Schülerschaft als einziger Nutzergruppe einen Mehrwert im Quartier darstellt.

1. *Beschreiben Sie den Prozess der Segregation in Duisburg-Marxloh unter Berücksichtigung demographischer und sozio-ökonomischer Strukturen.*
2. *Analysieren Sie auf Basis der Schwächen und Stärken (M 4, S. 69) des Stadtteils die Chancen und Bedrohungen (SWOT-Analyse).*
3. *Beurteilen Sie die von der Stadt Duisburg für den Stadtteil Marxloh vorgesehenen Planungen (M 1, M 2) vor dem Hintergrund der Schwächen und Bedrohungen.*
4. *Entwickeln Sie Szenarien für die Stadtteilentwicklung bis in das Jahr 2025.*
5. *Erörtern Sie den Bau der Moschee in Marxloh vor dem Hintergrund des Integrationsziels.*

Seit den 1980er-Jahren verfolgt man in Marxloh Strategien der Stadterneuerung, die zum einen auf eine Verbesserung der Wohnqualität abzielen. Zum anderen setzt man auf Maßnahmen aus dem sozialen, kulturellen und beschäftigungspolitischen Bereich, wie Arbeitsbeschaffungsmaßnahmen, Einrichtung von Begegnungsstätten und Beratungsstellen zum Beispiel für Mieter sowie die Förderung der Sprachkompetenz. Im Rahmen der neuen Strategie Duisburg2027 wird gezielt auf eine Verbesserung der Wohnraum- und Wohnumfeldsituation in Duisburg-Marxloh abgestellt (M 1, M 2). Der den Stadtteil deutlich aufwertende und somit sehr wünschenswerte Zugang zum Rhein erscheint allerdings ob der aktuellen industriellen Aktivitäten wenig realistisch. Ein Rückbau von stark sanierungsbedürftigen Quartiersbereichen und die Schaffung von bezahlbarem qualitativ akzeptablem Wohnraum haben das Potenzial, den über Jahrzehnte stattfindenden Prozess des *filtering down* zu stoppen.

M 3: *Grüngürtel in Marxloh*

Positiv wird auch die „ethnische Ökonomie“ als Teil der Stadtteilwirtschaft gewürdigt, da die Investitionsbereitschaft nichtdeutscher Unternehmen als Chance für den Stadtteil verstanden wird. Ferner bekennen sich die Kommunalpolitiker zur Internationalität des Stadtteils. Ziel kann es also nicht sein, Desegregation über eine Verringerung der Bewohner mit Migrationshintergrund zu erreichen. Vielmehr wären ein gewachsenes bürgerschaftliches Engagement, eine gestärkte Stadtteilidentität, die Verbesserung der Wohnqualität, ein positiver Wandel des Images des Stadtteiles und der Abbau der Konflikte zwischen den Bewohnern Anfangserfolge, die eine weitere sozio-ökonomische Abwärtsspirale und eine zunehmende Polarisierung stoppen könnten.

M 4: Quellentext zum Moscheeneubau in Marxloh
Jenkner, C.: Warum das Wunder in Marxloh funktioniert. Spiegel 26.10.2008

In Duisburg-Marxloh ist die größte Moschee in Deutschland eingeweiht worden. Anders als in Köln oder Berlin gab es in der Ruhr-Stadt kaum Proteste gegen den Kuppelbau – dank einer kooperativen Moschee-Gemeinde und eines Stadtteils, in dem die Kulturen schon untertage verschmolzen sind. […]

Dort, wo einst die alte Zechenkantine als Gebetsraum dienen musste, ist ein würdiges, helles Gotteshaus entstanden. Im Keller des Sieben-Millionen-Euro-Baus befindet sich eine Begegnungsstätte für den ganzen Stadtteil. 3,2 Millionen Euro hat das Land Nordrhein-Westfalen in die Begegnungsstätte gesteckt. Die übrigen Millionen für die Moschee sind allein durch Spenden zusammengekommen. Das repräsentative Gebäude scheint dem Stadtteil gut zu tun: Die neugebauten Reihenhauser auf der gegenüberliegenden Straßenseite ließen sich auf einmal gut verkaufen, als der erste Spatenstich getan war. Die Grundstückspreise in der direkten Umgebung stiegen.[…]

Warum aber lief in Marxloh alles so reibungslos? Liegt es daran, dass das Minarett nur 34 Meter misst und damit nur halb so hoch ist wie der Turm der katholischen Kirche? Oder daran, dass die muslimische Gemeinde von vornherein auf einen Muezzin-Ruf verzichtet hat? Das sind vielleicht zwei symbolische Punkte, die zum Erfolg beigetragen haben. Viel wichtiger wiegt aber eine ganz simple Tatsache: Die Menschen in Marxloh haben sich zusammengesetzt und miteinander geredet. Sie haben offen über Ängste und Vorurteile diskutiert – ohne Hemmungen.

M 5: *Moschee in Marxloh*

4.4 Alterung als wirtschaftliche Chance

Viele werten die zunehmende Alterung als gesellschaftliches Schreckensszenario, andere als wirtschaftliche Chance. Im Ruhrgebiet werden verschiedene Ansätze entwickelt, den demographischen Wandel zu bewältigen und dabei auch zu nutzen.

Durchschnittliche Rentenbezugsdauer (in Jahren)

	Männer	Frauen
1960	9,6	10,6
1970	10,3	12,7
1980	11,0	13,8
1990	13,9	17,2
2001	13,8	18,2
2006	14,8	19,6
2012	16,7	21,3

Anmerkungen: bis 1990 Werte für alte Bundesländer, danach für Deutschland gesamt

M 1: *Entwicklung der durchschnittlichen Rentenbezugsdauer in Deutschland (in Jahren)*

Generationenvertrag
Wesentlicher Bestandteil des Generationenvertrages ist die Finanzierung der Rentenzahlungen an aus dem Erwerbsleben ausgeschiedene Bürger durch die aktuell sozialversicherungspflichtigen Erwerbstätigen.

1. *Berechnen Sie den Lastindex für die BRD, Nordrhein-Westfalen und das RVR-Gebiet (M 5) und erstellen Sie auf der Grundlage der Berechnungen ein Säulendiagramm.*
2. *Erläutern Sie die Rolle des Ruhrgebiets als Vorreiter in der Bewältigung des dreifachen Alterns der Gesellschaft.*
3. *Erläutern Sie die besonderen Chancen des Ruhrgebiets, wirtschaftlich von der alternden Bevölkerung zu profitieren.*

Demographisch altert die deutsche Gesellschaft dreifach: Die absolute Zahl älterer Menschen nimmt zu, ihr relativer Anteil an der Gesamtbevölkerung steigt und auch der Anteil hochaltriger Menschen nimmt überdurchschnittlich zu. Immer mehr alte Menschen genießen immer länger ihren Ruhestand. So hat sich die durchschnittliche Rentenbezugsdauer in Deutschland seit den 1960er-Jahren nahezu verdoppelt (M 1). Aufgrund der niedrigen Geburtenrate und der hohen Abwanderungsrate jüngerer Bevölkerung ist das „dreifache Altern" im Ruhrgebiet besonders stark ausgeprägt. In der Folge treten typische Probleme einer alternden Gesellschaft im Ruhrgebiet nicht nur früher, sondern auch deutlich akzentuierter auf.

Negative Auswirkungen der Alterung werden häufig am Verhältnis der nichterwerbsfähigen Bevölkerungsanteile in Relation zu den erwerbsfähigen Bevölkerungsanteilen festgemacht. Dieser Lastindex setzt die nichterwerbsfähigen Bevölkerungsanteile, das heißt die Anzahl der Menschen im Alter von unter 20 Jahren und mindestens 65 Jahren, ins Verhältnis zu den erwerbsfähigen Bevölkerungsanteilen zwischen 20 bis 65 Jahren. Der Berechnungswert gibt Aufschluss über die Belastung, die für die potenziell erwerbsfähige Bevölkerung (z. B. im Rahmen des Generationenvertrages) entsteht. Werte größer als 100 bedeuten, dass auf 100 Erwerbsfähige mehr als 100 Nichterwerbsfähige kommen.

Demographische Negativszenarien sind aber insofern zu kritisieren, als dass sie die in den demographischen Prozessen liegenden gesellschaftlichen und wirtschaftlichen Entwicklungschancen übersehen. So gilt es, Produkte und Dienstleistungen zu entwickeln, die den differenzierten Bedürfnissen älterer Menschen gerecht werden. Physisch und geistig jung Gebliebene haben spezifische Anforderungen an ihre Mobilität und Freizeitgestaltung (z. B. Seniorenreisen). Ältere Menschen haben natürlich auch besondere Anliegen bezogen auf ihr Wohnumfeld und die Nachfrage nach sozialen und pflegerischen Dienstleistungen. Eine alternde Region, die in besonderem Maße auf eine Gesundheits- oder Seniorenwirtschaft setzt, wird vom demographischen Wandel profitieren können. Insofern gilt die Seniorenwirtschaft durchaus als Zukunftsbranche.

Ältere Menschen sind als Käufer und Kunden besonders dann interessant, wenn sie über eine hohe Kaufkraft aus ihren Renten- oder Pensionsansprüchen oder aus ihrem Vermögen verfügen. Entscheidend für eine Bewertung der Alterung als wirtschaftliche Chance für eine Region sind also neben einem Angebot an spezifischen Produkten und Dienstleistungen die Einkommensverhältnisse und damit das Kaufkraftpotenzial älterer Menschen. Hier weist das Ruhrgebiet besondere Stärken auf. Zwar haben von allen Regionen in Nordrhein-Westfalen die Seniorenhaushalte im Ruhrgebiet im Durchschnitt das geringste Einkommen. Aber dank der relativ niedrigen Lebenshaltungskosten liegen sie im soli-

Durchschnittliches Haushaltsnettoeinkommen von Haushalten mit älteren Menschen in NRW: 2 550 €		
Höchstes Haushalts-nettoeinkommen:	2 884 €	Bonn, Rhein-Sieg-Kreis
Niedrigstes Haushaltsnettoeinkommen im RVR-Gebiet:		
Nördliches Ruhrgebiet	2 473 €	z. B. Kreis Recklinghausen
Östliches Ruhrgebiet	2 399 €	z. B. Kreis Unna
Westliches Ruhrgebiet	2 373 €	z. B. Duisburg
Zum Vergleich: Haushaltsnetto-einkommen am Niederrhein	2 482 €	z. B. Kreis Kleve

M 2: *Monatliches Haushaltsnettoeinkommen in NRW (2003)*

Durchschnittliches frei verfügbares Einkommen von Haushalten mit älteren Menschen in NRW: 1 492 €		
Höchstes frei verfügbares Einkommen:	1 774 €	Bonn, Rhein-Sieg-Kreis
Frei verfügbares Einkommen im RVR-Gebiet		
Nördliches Ruhrgebiet	1 434 €	z. B. Kreis Recklinghausen
Östliches Ruhrgebiet	1 389 €	z. B. Kreis Unna
Westliches Ruhrgebiet	1 469 €	z. B. Duisburg
Zum Vergleich: Frei verfügbares Einkommen am Niederrhein	1 328 €	z. B. Kreis Kleve

M 3: *Monatlich frei verfügbares Einkommen in NRW (2003)*

den Mittelfeld eines NRW-Regionenrankings, das darlegt, wie viel Geld die Haushalte der Altersgruppe 55plus monatlich frei zur Verfügung haben.

In Nordrhein-Westfalen verfügt eine Mehrheit von 80,2 % der älteren Menschen über eine mittlere bis hohe Kaufkraft und nur 19,8 % verfügen über eine schwache Kaufkraft. Die Ruhrgebietsregionen weisen im Vergleich zu diesem Durchschnittswert Nordrhein-Westfalens einen etwas höheren Anteil (21 %) an einkommensschwachen Haushalten auf. [...] Eine Besonderheit stellt die Gruppe der kaufkraftstarken Haushalte mit älteren Menschen im nördlichen Ruhrgebiet dar. Diese liegt mit 6,9 % klar über dem Landesdurchschnitt von 6,2 %.

M 4: Quellentext zur Kaufkraft von Senioren im Ruhrgebiet
Makowka, K.: Seniorenwirtschaft in der Emscher-Lippe-Region – Potentiale für eine regionale Entwicklung? (2007)

Im Vergleich zum durchschnittlichen Einkommens eines Haushalts mit älteren Menschen (Gruppe 55plus) in Nordrhein-Westfalen verzeichneten die entsprechenden Haushalte in den Ruhrgebietsregionen ein deutlich niedrigeres Einkommen (M2). Bezogen auf das frei verfügbare Einkommen (frei verfügbares Nettoeinkommen abzüglich aller Fixkosten wie z. B. Miete, Nebenkosten, Versicherungen) schneidet das Ruhrgebiet im Vergleich zum Durchschnittswert NRW nicht mehr so schlecht ab (M3). Zu berücksichtigen ist weiterhin die Konsumfreudigkeit und die Kaufkraft in Teilregionen. Die ältere Bevölkerung vor allem im nördlichen Ruhrgebiet gilt beispielsweise als besonders konsumfreudig.

In den Berechnungen zur Kaufkraft älterer Menschen ist davon auszugehen, dass die Senioren des Ruhrgebiets im Vergleich zu Nordrhein-Westfalen einen leicht höheren Betrag für sonstige Ausgaben zur Verfügung haben. Ältere Menschen verteilen dieses frei verfügbare Einkommen nicht gleichermaßen auf alle Konsumfelder. Sie tätigen besonders Ausgaben in den Konsumfeldern Wohnen, haushaltsbezogene Dienstleistungen, Gesundheit und Freizeitaktivitäten. Im Detail wird Geld zum Beispiel für Wohnraumanpassung, Inanspruchnahme unterstützender Dienstleistungen und Ausgaben zur Gesunderhaltung ausgegeben, um möglichst lange selbstständig bleiben und einen Umzug in eine Pflegeeinrichtung langfristig hinauszögern oder gar verhindern zu können. Auf diese Konsumgewohnheiten älterer Menschen zielt die Gesundheits- und Seniorenwirtschaft ab.

	< 20-Jährige	Gruppe 65plus	20- bis 64-Jährige
RVR	897 572	1 096 810	3 060 252
NRW	3 295 714	3 639 516	10 702 868
BRD	14 718 163	17 054 725	49 424 649

M 5: *Personenzahl in verschiedenen Alterkohorten (2014)*

Alterskohorte
Jahrgänge oder Gruppen von Jahrgängen

4.4.1 Gesundheitswirtschaft

Im Ruhrgebiet wird die Alterung als wirtschaftliche Chance wahrgenommen. Ziel ist die Integration des neuen Wirtschaftsbereichs Gesundheit. Aufbauend auf die bereits bestehende gute Infrastruktur wurden dazu entsprechende Rahmenbedingungen seitens der Strukturpolitik geschaffen.

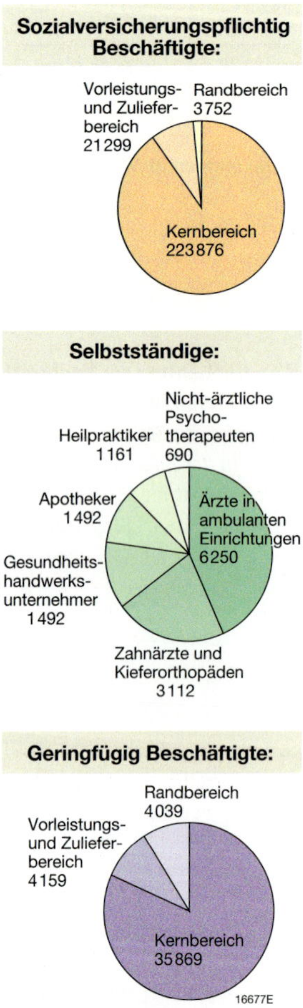

M 1: *Beschäftigte in der Gesundheitswirtschaft im RVR-Gebiet nach Teilbereichen und Erwerbsformen*

Die Ausgangslage für eine Ausweitung der Gesundheitswirtschaft ist im Ruhrgebiet aufgrund der vorhandenen Infrastruktur günstig. Es verfügt wie kaum eine andere Region über eine der dichtesten und vielfältigsten Kliniklandschaften. Insgesamt gibt es 133 Krankenhäuser, davon zwei Universitätskrankenhäuser in Essen und Bochum. An den drei medizinischen Fakultäten in Duisburg-Essen, Bochum und Witten-Herdecke wird medizinische Forschung betrieben und kann das Fach Medizin studiert werden. Rund 9500 Haus-, Fach- und Zahnärzte, circa 1100 Pflegeheime und ambulante Pflegedienste sowie ein breites Reha-, Fitness- und Wellnessangebot komplettieren das Dienstleistungsangebot der Gesundheitswirtschaft. Rund 300000 Menschen arbeiten heute in der Gesundheitswirtschaft des Ruhrgebiets, mehr als in anderen großen Agglomerationsräumen Deutschlands (M 1, M 2).

Der Wirtschaftszweig Gesundheit umfasst dabei weit mehr als nur Ärzte, Krankenhäuser und Apotheken. Er ist ein wachstumsstarker Wirtschaftscluster, zu dem nicht allein die drei Bereiche Prävention, Kuration und Rehabilitation des traditionellen Gesundheitswesens gerechnet werden. Die Clusterstruktur (M 3) verdeutlicht drei Bereiche, die für den Bereich Gesundheitswirtschaft besondere Relevanz besitzen:

- die **ambulante und stationäre Versorgung** im Kern des Modells und weitere Bereiche wie Pflege und Apotheken als personal- und beschäftigungsintensive Dienstleistungsbranchen,
- die **Vorleistungs- und Zulieferindustrien** wie zum Beispiel Gesundheitshandwerk und Handel mit Gesundheitsprodukten inklusive einer hierauf bezogenen Beratung und
- die **Randbereiche und Nachbarbranchen** des Gesundheitssektors, also Wirtschaftsbereiche mit Verknüpfungen zur Gesundheitswirtschaft (Gesundheitstourismus, gesundheitsbezogene Sport-, Freizeit-, Wohn- und Ernährungsangebote).

Um die Integration der Wirtschaftsbereiche Gesundheits- und Seniorenwirtschaft zu forcieren, wurden in Nordrhein-Westfalen entsprechende Rahmenbedingungen seitens der Strukturpolitik geschaffen.

	Ruhrgebiet	Berlin	Hamburg	München
Gesundheitswirtschaft insgesamt	**248927**	**166372**	**105431**	**121430**
Anteil an der jeweiligen Gesamtbeschäftigung	15,5 %	15,5 %	14,0 %	12,6 %
davon				
... Vorleister- und Zulieferindustrie	1,3 %	2,1 %	2,2 %	2,5 %
... Kernbereich	14,0 %	13,0 %	11,5 %	9,8 %
... Randbereich	0,2 %	0,4 %	0,3 %	0,3 %

M 2: *Sozialversicherungspflichtig Beschäftigte in der Gesundheitswirtschaft und ihre Beschäftigungsanteile an der Gesamtwirtschaft*

So wurde die Gesundheitswirtschaft zu einem der zwölf Kompetenzfelder, die sich durch regionale Stärke mit herausragenden Wachstums- und Beschäftigungseffekten auszeichnen. Ziel dieses Kompetenzfeldansatzes ist es, den Strukturwandel zu bewältigen und damit die Fähigkeit einer Region zu unterstützen, sich zu wandeln, das heißt sich von alten, nicht mehr greifenden Wirtschaftsstrukturen zu verabschieden und sich durch die Aktivierung neuer endogener regionaler Potenziale zu behaupten.

In diesem Kontext wurde ein eigens geschaffenes Netzwerk namens MedEcon (medicine and economy) Ruhr ins Leben gerufen. Ausgangspunkt dieses Kooperationsvorhabens sind die seit dem Jahr 2003 vernetzt zusammenarbeitenden Akteure Initiativkreis Ruhr, Regionalverband Ruhr, Verein pro Ruhrgebiet und die Projekt-Ruhr-GmbH. Der inhaltliche Rahmen wird durch sieben regionale Handlungsfelder gebildet, die jeweils einen eigenen Themenschwerpunkt innerhalb der Gesundheitswirtschaft markieren. Durch diese Dachmarke wird zum einen das Prinzip der Clusterbildung umgesetzt und zum anderen kann MedEcon Ruhr als Label im Sinne eines strukturpolitischen Standortmarketings verstanden werden. In einer regionalen Betrachtung sind Clusterstrukturen der Gesundheitswirtschaft im Ruhrgebiet derzeit bereits im Großraum Essen vorhanden. Sieben weiteren Kreisen und Kreisfreien Städten wird ein Potenzial für die Gesundheitswirtschaft zugesprochen (M 4).

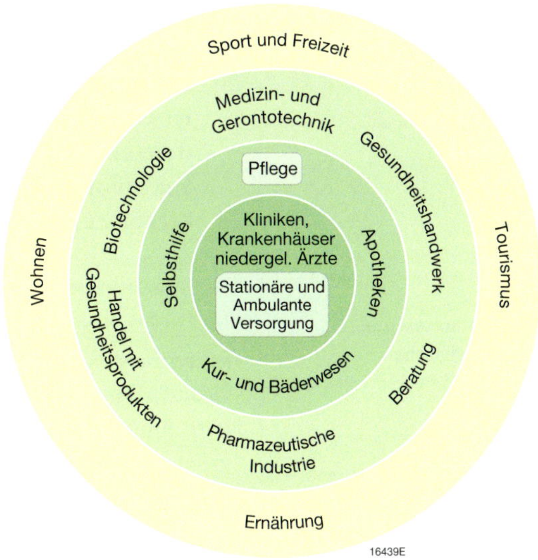

M 3: *Struktur der Gesundheitswirtschaft*

1. *Beschreiben Sie die Struktur der Gesundheitswirtschaft im Ruhrgebiet.*
2. *Erklären Sie das besondere Potenzial des Ruhrgebiets für die Gesundheitswirtschaft.*

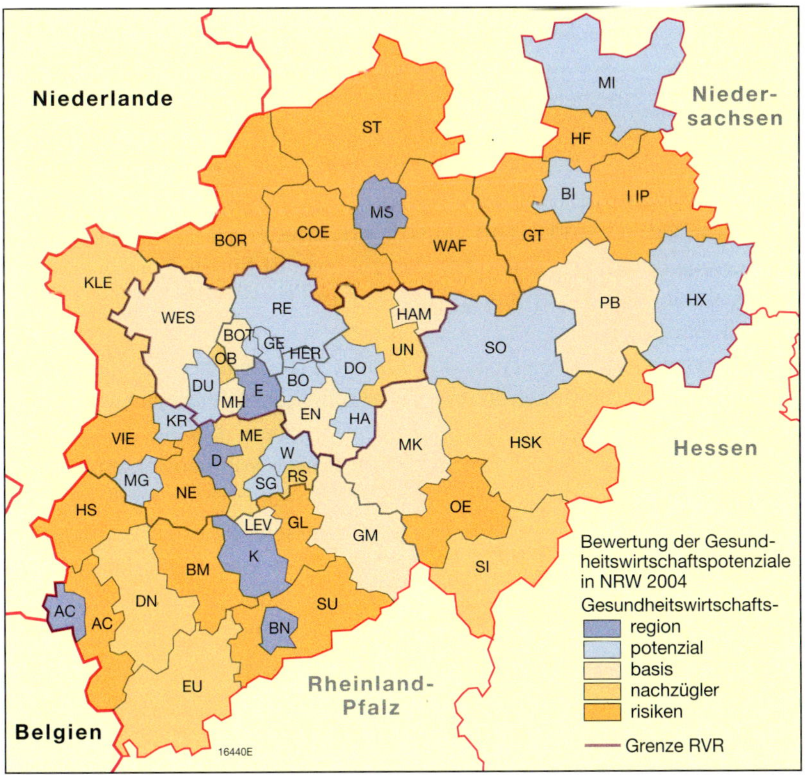

M 4: *Potenziale der Gesundheitswirtschaft in Nordrhein-Westfalen 2004*
Der Gesamtindex für die Analyse von regionalen Gesundheitswirtschaftpotenzialen setzt sich aus insgesamt neun Einzelindikatoren zusammen. Berücksichtigt werden dabei Beschäftigungseffekte in den Bereichen Krankenhäuser, Rehabilitation, niedergelassene Ärzte, Apotheken sowie ambulante und stationäre Altenpflege.

4.4.2 Seniorenwirtschaft

Die Seniorenwirtschaft als Teilbereich der Gesundheitswirtschaft ist ein sehr heterogener Wirtschaftszweig mit verschiedenen Produkten und Dienstleistungen. Das Ruhrgebiet hat sich in diesem Sektor mittlerweile mit innovativen Entwicklungen eine Vorreiterrolle erarbeitet.

M 1: Quellentext zur Seniorenwirtschaft
Fischer, B.: Seniorenwirtschaft in Nordrhein-Westfalen (2003)

Im Unterschied zu traditionellen Wirtschaftsbranchen wie Energie und Chemie ist der Bereich Seniorenwirtschaft nicht als Branche zu verstehen. Es handelt sich vielmehr um einen Querschnittsbereich, der alle Lebens- und Konsumbereiche betrifft und in dem es v. a. darum geht, durch angepasste, seniorenorientierte Angebote sowie deren Entwicklung und Weiterentwicklung die Lebensqualität der heterogenen Gruppe ab 50plus aufrechtzuerhalten und zu verbessern. Dabei umfasst das Angebot im Wesentlichen Produkte und Dienstleistungen jenseits der öffentlich-rechtlich garantierten Leistungen. Auf der Basis der zunehmenden Alterung unserer Gesellschaft ist Seniorenwirtschaft durch Aktivierung der Wirtschaftskraft älterer Menschen als Zukunfts- und Wachstumsmarkt mit positiven arbeitspolitischen Effekten zu verstehen.

Alter ist heute nicht mehr durch eine bestimmte Altersangabe zu definieren. Die Altersphase insgesamt umfasst mehrere Jahrzehnte (50plus, 65plus und 80plus), woraus resultiert, dass man es mit verschiedenen Altersgruppen mit unterschiedlichen Bedürfnissen und Interessen zu tun hat. Daraus ergibt sich ein breites ökonomisches Potenzial, welches eine ausdifferenzierte Angebotsstruktur von Dienstleistungen und Serviceangeboten verlangt. Gerade auch im technologischen Bereich können hier durch die Entwicklung entsprechender innovativer Angebote zusätzliche Nachfragepotenziale für eine heterogene Kundengruppe erschlossen werden.

Aufgrund der demographischen Ausgangslage im Ruhrgebiet, die durch einen deutlichen Alterungsprozess der Gesellschaft gekennzeichnet ist, bestehen hier vor allem auch für die Entwicklung und Erprobung innovativer und technologisch orientierter Dienstleistungs- und Serviceangeboten gute Chancen. Das gilt sowohl für die Kombinationen von Wohnen und IT, betreutem Wohnen und IT als auch für den medizinischen Bereich.

Schon früh versuchte sich das Ruhrgebiet als Ideengeber in Sachen Seniorenwirtschaft zu positionieren und die verschiedenen Teilbereiche der Seniorenwirtschaft zu fördern (M 1). Ziel dieser Vorhaben ist es, die Entwicklung seniorengerechter Produkte und Dienstleistungen voranzutreiben, um damit die Lebensqualität der älteren Menschen zu verbessern und gleichzeitig die mit der Seniorenwirtschaft verbundenen Beschäftigungschancen wahrzunehmen. Neben innovativen Angeboten in den Konsumfeldern Gesundheit und Wellness (z. B. Senioren-Fitnessstudios, Franchisesystem für Pflegedienste), Kommunikation (z. B. spezielle Internetangebote und Onlineplattformen) oder auf Senioren zugeschnittene Finanzdienstleistungen ist vor allem der Bereich Wohnen ein Wachstumsmarkt.

Franchise-System
Beim Franchising stellt ein Franchisegeber einem Franchisenehmer die (regionale) Nutzung eines Geschäftskonzeptes gegen Entgelt zur Verfügung.

Barrierefreies Wohnen
Anpassung des Wohnraums an Bedürfnisse von Personengruppen mit z. B. eingeschränkter Beweglichkeit

In einer alternden städtischen Gesellschaft sind besonders intelligente Wohnformen, wohnbegleitende Dienstleistungen, barrierefreies Wohnen

M 3: *Seniorenwirtschaft*

1. *Beschreiben Sie innovative Merkmale des „Smarter-Wohnen"-Konzepts.*
2. *Nehmen Sie kritisch Stellung zur Aussage „Das Ruhrgebiet eignet sich als Referenzregion, in der Erfahrungen in der Entwicklung von neuen Dienstleistungen und Produkten gesammelt werden, die für andere ‚alternde Regionen' hilfreich sind."*

sowie Formen des Residenz- und Servicewohnens gefragt. Im Zusammenspiel mit dem Einsatz moderner, unterstützender Technologien und innovativer Pflegekonzepte haben sich im Ruhrgebiet einige vielversprechende Pilotprojekte entwickelt.

Zu ihnen gehört zum Beispiel das Projekt „Smarter Wohnen", bei dem eine Hattinger Wohnungsgenossenschaft zusammen mit den beiden im Ruhrgebiet ansässigen Fraunhofer-Instituten für Software und Systemtechnik (Dortmund) sowie für Mikroelektronische Schaltungen und Systeme (Duisburg) ein intelligentes Wohnkonzept entwickelt hat, bei dem spezielle technische Hilfsmittel für ein seniorengerechtes Wohnen zum Einsatz kommen. In zwei Jahren wurden bis Ende 2007 50 bestehende Wohneinheiten in der Hattinger Südstadt aus den 1960er-Jahren mit modernster Technik ausgestattet.

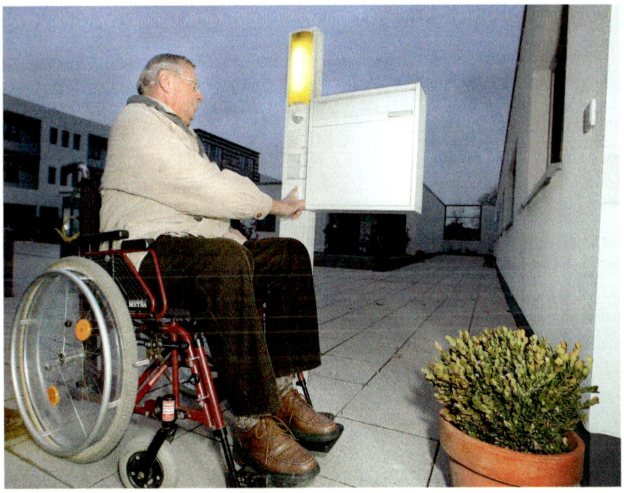

M 4: *Die automatische Türöffnung per Fingerabdruck ist ein praktisches und sicheres Element einer senioren- und behindertengerechten Wohnung.*

Zu den von den Fraunhofer-Instituten begleiteten technischen Konzepten gehört eine vollständige internetbasierte Vernetzung der Wohnung. Haushaltsgeräte, Heizung oder Fenster werden durch den Einsatz von Computerchips „smart" gemacht. Mögliche Anwendungen sind das automatische Abschalten aller Herdplatten und sonstiger Elektrogeräte, wenn im Schlafzimmer das „Gute-Nacht-Szenario" abgerufen wird. Eine intelligente Matratze zeichnet nachts die Herzfrequenz des Nutzers auf und setzt bei Unregelmäßigkeiten automatisch einen Notruf ab. Möglich ist auch eine multimediale Kommunikation mit Ärzten. Externe Dienstleistungen wie Essensservice, Lieferdienste von Apotheken und Supermärkten, Friseure und Handwerker können über eine in den Fernseher integrierte Serviceplattform erreicht werden. Aus diesem Serviceportal entstand nach der Pilotphase ein eigenständiges Produkt.

4.4.3 Raumbeispiel Herten

Ein gutes Beispiel für eine umfassende Reaktion auf die demographischen Wandlungsprozesse ist die Stadt Herten im nördlichen Ruhrgebiet. Hier wurden differenzierte Überlegungen umgesetzt und die Alterung als wirtschaftliche Chance genutzt.

	Einwohner
Gruppe 50 plus	28 226 (26 016)
Gruppe 60 plus	18 335 (17 759)
Gruppe 80 plus	3 994 (2 867)
Einwohner insg.	61 592 (63 600)

M 1: *Bevölkerung nach Altersgruppen in Herten 2013 (2008)*

In Herten steht seit 1974 das Thema „Älter werden" auf der Agenda. Die Stadt reagiert damit auf die Auswirkungen des demographischen Wandlungsprozess. Im Jahr 2020 werden die Fünfzig- bis Achtzigjährigen in Herten mit circa 47 Prozent die stärkste Altersgruppe darstellen. Die Gruppe der Dreißig- bis Fünfzigjährigen wird dagegen nur etwa 22 Prozent ausmachen.

Konzeptionell wird dabei berücksichtigt, dass sich die kommende Generation alter Menschen stark verändern wird. Sie wird sehr heterogen sein und vor allem die jungen Alten werden möglichst lange selbstständig bleiben und aktiv am gesellschaftlichen Leben teilnehmen wollen. Diesen Trend begreift Herten als Entwicklungschance und will mit ihrer Initiative den Wünschen und Belangen der älter werdenden Menschen Rechnung tragen. So wurden 2003 zum ersten Mal die Bürgerinnen und Bürger in die Erstellung des Altenhilfeplans einbezogen und mit ihnen die Bedürfnisse älterer Menschen „vor Ort" diskutiert. Die Wünsche und Belange wurden dann in der Folgezeit aufgegriffen und umgesetzt. 2014 wurde dieser Prozess mit einer Befragung der 55- bis 98-Jährigen wiederholt. Zudem wurden auch Gespräche mit älteren türkischen Migranten über ihre Lebensbedingungen, Wünsche und Vorstellungen geführt. Auf Basis dieser Gespräche wurde eine Liste von Problemfeldern und Wünschen erstellt, an denen in den nächsten Jahren gearbeitet werden soll (M2).

Das 2005 von Gesundheitsexperten, Bürgern und Mitarbeitern der Stadt Herten gegründete, speziell auf die Stadt zugeschnittene Internetportal vermittelt Informationen rund um das Thema Gesundheit, indem es auf Angebote, Dienstleistungen und Veranstaltungen der Umgebung hinweist. Ideeller Träger des Internetportals ist der Verein Gesundheitsforum Emscher-Lippe, eine gemeinnützige Initiative von engagierten Bürgern, Geschäftsleuten und Verwaltung. Der Verein kooperiert mit allen Gesundheitsanbietern vor Ort und initiiert auch Events und Veranstaltungen.

1. *Beschreiben Sie die Altersstruktur in Herten.*
2. *Erläutern Sie auf Basis der Bevölkerungsstruktur die Notwendigkeit von Maßnahmen für die Gruppe 50 plus.*
3. *Bewerten Sie die Aktivitäten der Stadt Herten vor dem Hintergrund der demographischen Entwicklung.*

Themenschwerpunkt Verkehr und Mobilität
- Linienbusse fahren nicht nah genug an die Halterampe, Einstieg schwierig mit Rollator, Gehhilfe oder Rollstuhl.
- Die Busse werden oft nicht abgesenkt.
- Manchmal mangelt es an Freundlichkeit.
- Der Bus fährt oft ab, bevor der Sitzplatz eingenommen wurde.
- Manchmal fährt der Bus ruckartig an oder ab.
- Der zeitliche Rahmen zum Einstieg ist eng.
- An Markttagen sind die Busse oft überfüllt.
- Die Fahrpläne sind oft klein gedruckt und unübersichtlich.
- Preise sollten leicht verständlich angegeben werden
- An den Haltestellen fehlen manchmal Sitzbänke, Wartehäuschen oder Abfallkörbe.
- Die Randbezirke der Stadtteile Scherlebeck, Bertlich/Westerholt, Paschenberg und Herten-Süd sollten besser angebunden werden.

Themenschwerpunkt Versorgung und Wohnen
- Es fehlen oft Ruhebänke im gesamten Stadtgebiet.
- Das Stadtbild ist oft vor Verunreinigungen gezeichnet.
- Die Gehwege sind in schlechtem Zustand.
- Viele Stadtteile bauen Versorgungsangebote ab, sodass die Versorgung schwierig wird.
- In den Stadtteilen fehlen oft Fachärzte und Sparkassen.
- Ein Mittagstisch wird in vielen Stadtteilen nicht angeboten.
- Treffpunkte wie Cafés fehlen.
- Seniorenwohnungen sind oft zu teuer.
- Öffentliche Toiletten fehlen.
- Alternative Versorgungsmöglichkeiten wie „fahrende Händler" sollten in Randgebieten – evtl. mit festem Standort – eingerichtet werden.

M 2: *Umfrage: Stadtteilübergreifende Probleme/Wünsche (Auswahl)*

5 Das Ruhrgebiet als Siedlungsraum

Werkssiedlungen mit Gartenstadtelementen wie in Essen-Margarethenhöhe sind genauso typisch für das Ruhrgebiet wie die aus Industriedörfern zusammenwachsenden Siedlungsflächen vor allem in der Emscherzone, in der die Grenzen der Städte fließend sind. Heute versucht man die schützenswerte, einmalige Architektur zu erhalten und zugleich in den schrumpfenden Städten die vielen freien Flächen einer sinnvollen Nutzung zuzuführen.

5.1 Umbau bestehender Siedlungsstrukturen

5.1.1 Arbeitersiedlungen

Neben Zechen und Stahlwerken prägten auch Werkssiedlungen für Arbeiter den Industrie- und Siedlungsraum Ruhrgebiet. Wegen ihrer architektonischen Vielgestaltigkeit, ihrer mittlerweile idealen städtebaulichen Einbindung und starken Durchgrünung sind die Siedlungen heute nicht nur beliebte Wohnstandorte, sondern auch feste Bestandteile der touristischen Vermarktung.

In der Hochphase der Industrialisierung war der Bau von Arbeitersiedlungen ein bestimmendes Merkmal der Siedlungsentwicklung des Ruhrgebiets. Der Werkswohnungsbau erfolgte im Auftrage von Unternehmen der Eisen- und Stahlbranche sowie des Steinkohlenbergbaus. Im Zuge der Nordverlagerung des Bergbaus erwarben Bergbaugesellschaften Grund und Boden im Bereich der ansonsten von Agrardörfern geprägten Landschaft (vgl. 5.1.2). Parallel zu den Abteufarbeiten entstanden Eisenbahnlinien, die fernab der Dörfer unmittelbar an den expandierenden Bergwerken vorbeigeführt wurden. In ihrer Nähe bildeten sich um die Jahrhundertwende neue Siedlungskerne, die sich rasch in Richtung der vorindustriellen Dörfer ausdehnten. Um den Zuzug an Arbeitskräften bewältigen zu können, wurden die Siedlungskerne an ihren Rändern durch die Anlage von Siedlungskomplexen für die Arbeiter erweitert. Diese Werkssiedlungen lagen nahe bei den Unternehmensstandorten und somit in einiger Entfernung zu bestehenden Ortszentren. Dies brachte ihnen umgangssprachlich die Bezeichnung Kolonien ein.

abteufen
Bergmännischer Begriff, der die Herstellung von senkrechen Schächten zur Erschließung von Lagerstätten bezeichnet; auch teufen oder niederbringen

Um die Jahrhundertwende wohnten in ihnen bereits 20 Prozent der Bergleute. Im Laufe von 100 Jahren entstanden 2 000 Siedlungen für zwei Millionen Menschen. Das damalige Ansiedlungsgesetz sah vor, dass die Bergwerksgesellschaften als Bauherren der Kolonien auch für den Bau von Schulen und Straßen sowie für die Wasserver- und -entsorgung verantwortlich waren. Die geschlossenen Siedlungskomplexe, deren einheitliche Planung zum Teil von betriebseigenen Baubüros vorgenommen wurde, haben oft eine einheitliche Struktur mit wiederkehrenden Elementen in der Fassadengestaltung und im Grundriss der Gebäude. Einflüsse aus anderen Industrierevieren Europas sorgten für eine Abfolge verschiedener architektonischer Stile im Laufe der Jahre. So wurden bis etwa 1850 die Wohnungen mit ihren Haustüren nach englischem Vorbild aneinandergereiht, und es entstanden lang gestreckte Gebäudezeilen, wegen ihres Aussehens häufig als D-Züge bezeichnet (M 1).

M 1: *Siedlung Am Holzgraben, Dortmund-Scharnhorst*

In der Folgezeit setzten sich, nach dem Vorbild der elsässischen Cité Ouvrière, einfache, in Reihe stehende Einzelhäuser durch. In den mit dem typischen Kreuzgrundriss ausgestatteten Häusern lebten vier Familien unter einem Dach. Über separate Hauseingänge waren jeweils das Erdgeschoss und das ausgebaute Dachgeschoss zu erreichen (M 2). Die kostengünstige Bauweise bot mehrere Vorteile. So sorgten die getrennten Eingänge für Hausfrieden zwischen den Parteien und durch die Aufteilung auf zwei Geschosse je Mietpartei war es möglich, dass der in der Nachtschicht arbeitende Bergmann auch tagsüber ausreichend Schlaf erhielt. Der Nachteil des Kreuzgrundrisses war jedoch, dass sich für die einzelne Wohnung einseitige Belichtungs- und Belüftungssituationen ergaben. Da eine Querlüftung nicht möglich war, wurde der Wohnkomfort in lufthygienischer Sicht stark eingeschränkt.

Als Zuverdienst vermieteten Familien häufig noch einen Schlafplatz an ledige Bergleute (Kostgänger). Im rückwärtigen Garten konnten zur Selbstversorgung Obst und Gemüse angebaut werden, und in einem Stall wurde ein Schwein oder eine Ziege („Bergmannskuh") gehalten. Nach der schweren Arbeit untertage waren Brieftauben („Rennpferde des Bergmanns") der wichtigste Zeitvertreib. In exponierter Lage, etwa in Verlängerung einer baumbestandenen Straße, die als Sichtachse diente, befanden sich zumeist das Casino, eine Gaststätte mit Gemeinschaftsräumen, und der Konsum, eine Verkaufsstelle für Lebensmittel, die das Bergwerk zu günstigen Preisen seinen Mitarbeitern anbot. In die neuen Siedlungen zogen oft die ab 1880 in mehreren Phasen für den expandierenden Bergbau angeworbenen Arbeiter aus Ost- und Westpreußen, Oberschlesien und Polen.

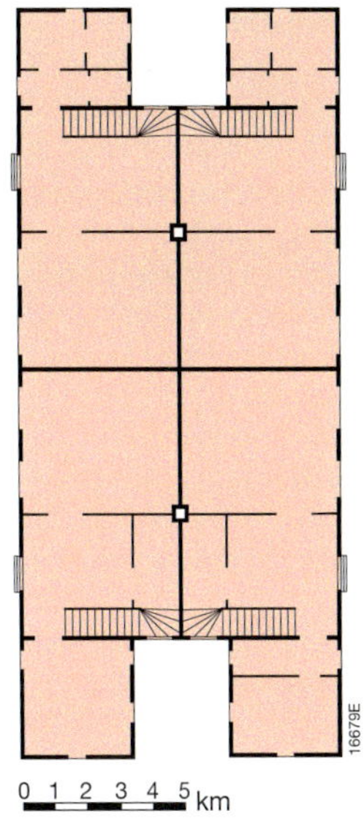

M 2: *Kreuzgrundriss*

„Masuren! In rein ländlicher Gegend, umgeben von Feldern, Wiesen und Wäldern, den Vorbedingungen guter Luft, liegt, ganz wie ein masurisches Dorf, abseits vom großen Getriebe des westfälischen Industriegebiets, eine reizende, ganz neu erbaute Kolonie [...]. Diese Kolonie besteht vorläufig aus über 40 Häusern und wird später auf etwa 65 Häuser erweitert werden. In jedem Haus sind nur vier Wohnungen, zwei oben und zwei unten. Zu jeder Wohnung gehören etwa drei bis vier Zimmer. [...] Zu jeder Wohnung gehört ein sehr guter und trockener Keller, sodass sich die eingelagerten Früchte, Kartoffeln usw. dort sehr gut halten werden. Ferner gehört dazu ein geräumiger Stall, wo sich jeder sein Schwein, seine Ziege oder seine Hühner halten kann. Endlich gehört zu jeder Wohnung auch ein Garten von 23 bis 24 Ruten [eine Rute entspr. 14 qm]. *So kann jeder sein Gemüse, sein Obst und seine Kartoffeln, die er für den Sommer braucht, selbst ziehen. [...] Die ganze Kolonie ist von schönen, breiten Straßen durchzogen. Wasserleitungen und Kanalisation sind vorhanden. Abends werden die Straßen elektrisch beleuchtet. [...] Masuren, es kommt der Zeche vor allem darauf an, ordentliche Familien in diese ganz neue Kolonie hineinzubekommen.*

M 3: Quellentext zur Anwerbung von Bergarbeitern
Aufruf eines Agenten aus dem Jahre 1887

Die Bewohnerschaft der Siedlungen war homogen, da das jeweilige Wohnrecht an das Arbeitsverhältnis zwischen Vermieter und Mieter gekoppelt war. Innerhalb der Siedlung gab es aber durchaus bauliche Differenzierungen aufgrund der betrieblich-hierarchischen Strukturen. So wohnten die gehobenen Verwaltungsbeamten des Bergwerks näher am Betrieb in größeren, dem Baustil der Siedlung zwar angepassten, aber ansonsten komfortableren Mietshäusern. Diese verfügten zumeist über sechs bis acht große Wohnungen. Da es sich für die höheren Angestellten und ihre Familien nicht ziemte, einen Nutzgarten zu betreiben, finden sich diese Gebäude zumeist separiert von der übrigen Siedlung inmitten von Ziergärten und Grünflächen.

5.1

Gartenstadt
Städteplanerisches Modell des Briten Ebenezer Howard (1850 † 1928) zur Verbesserung der schlechten sozialen und hygienischen Lebensbedingungen im England des späten 19. Jahrhunderts, das die Vorteile des Land- und des Stadtlebens miteinander verknüpfen wollte. Sein Ideal sah vor, um eine Zentralstadt kleinere, autarke mit einem Grüngürtel abgetrennte Gartenstädte mit eigenen Arbeitsplätzen und Versorgungseinrichtungen zu errichten.*

Ab 1900 vermochte die aus England übertragene Gartenstadtidee substanzielle Verbesserungen in gestalterischer und städtebaulicher Hinsicht zu initiieren. Die gartenstadtähnlichen randstädtischen Wohnsiedlungen im Ruhrgebiet hatten aber keine funktionale Selbständigkeit, keine eigene Selbstverwaltung, keine zugeordneten Arbeitsstätten und kein eigenes Versorgungszentrum, wie es das Gartenstadtideal verlangte.

Eine typische gartenstädtähnliche Siedlung ist die zwischen 1906 bis 1915 von der Krupp AG errichtete Arbeitersiedlung Dahlhauser Heide im Norden von Bochum (M 1). Neben einigen „Beamtenhäusern" besteht sie aus 339 Zweifamilienhäusern. Jede Haushälfte hat eine Wohnküche und ein Wohnzimmer im Erdgeschoss sowie zwei Schlafräume im Obergeschoss. Die tief herunter gezogenen Dachtraufen und das Zierfachwerk an den Fassaden sollen an Bauformen westfälischer Bauernhöfe erinnern. Hinter den Häusern befinden sich ausgedehnte Nutzgärten.

In den 1960er-Jahren fielen viele Arbeitersiedlungen mit dem Rückgang des Kohlenbergbaus und der Stahlindustrie dem Abriss zum Opfer. Doch mehr und mehr verstärkte sich der Widerstand der Bewohner. In einer der spektakulärsten gemeinschaftlich organisierten Aktionen im Ruhrgebiet gelang es einer Bürgerinitiative nach langjährigem erbittertem Kampf, die Siedlung Eisenheim in Oberhausen vor dem geplanten Totalabriss zu retten. Mit ihren typischen Backsteinhäusern, von denen die ältesten aus den Jahren 1844/46 stammen, gilt Eisenheim als älteste Arbeitersiedlung Deutschlands. 1972 wurde sie als erste Siedlung in Deutschland unter Denkmalschutz gestellt.

Letztlich sorgten die Stilllegungen der Bergwerke besonders in den 1980er-Jahren für einen Niedergang ganzer Stadtteile und Städte. Zu

M 1: *Kolonie Dahlhauser Heide in Bochum-Hordel und Grund- und Aufriss eines Siedlungshauses der Kolonie*

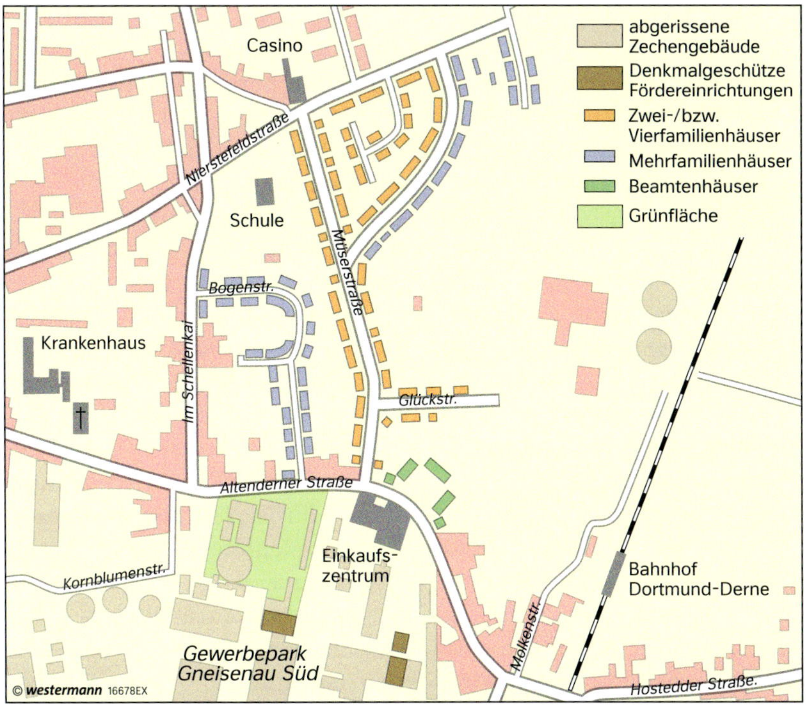

1. *Beschreiben Sie die Gestaltungsprinzipien einer gartenstadtähnlichen Siedlung anhand des Grundrisses der Kolonie Dahlhauser Heide (M 1).*
2. *Vergleichen Sie die Vorzüge dieses Siedlungstyps mit den Anforderungen an heutige Wohnstandorte.*
3. *Erörtern Sie die Vor- und Nachteile des Denkmalschutzes für Arbeitersiedlungen.*

M 2: *Müsersiedlung in Dortmund-Derne*

dieser Zeit war das Erscheinungsbild der Kolonien sehr unterschiedlich. Den Siedlungen, die von hohen Anteilen von Bewohnern mit Migrationshintergrund geprägt waren, standen Siedlungen gegenüber, die deutliche Tendenzen zur Privatisierung zeigten. Indem gemeinnützige Wohnungsbaugesellschaften, wie etwa die Treuhandstelle für Bergmannswohnstätten oder die nordrhein-westfälische Landesentwicklungsgesellschaft, große Teile des Immobilien- und Wohnungsbestandes der ehemaligen Bergwerks-, Eisen- und Stahlunternehmen aufkauften, konnten zahlreiche Arbeitersiedlungen vor dem Abriss gerettet werden. Weiterhin wurde die Homogenität der Siedlungen im Sinne des Denkmalschutzes erhalten und die Siedlungshäuser vor der Veränderung durch einzelne Eigentümer geschützt.

Häufig treten in Teilen der Siedlung Zwei- und Mehrfamilienhäuser mit unterschiedlichen Wohnungsgrößen nebeneinander auf. In der Müsersiedlung in Dortmund-Derne (M 2) lagen die Größen der ursprünglichen Wohnungen in den Zweifamilienhäusern bei durchschnittlich 71 m², die in den Mehrfamilienhäusern bei nur noch 57 bis 61 m². So waren in vielen Häusern umfangreiche Sanierungen notwendig, um auf eine zeitgemäße Wohnfläche zu kommen.

M 3: *Siedlungshaus in der Alten Kolonie in Dortmund-Eving*

Wohnumfeldverbesserungen und umfangreiche Modernisierungen der Häuser, durch Sonderprogramme von Stadt und Land gefördert, zeigen bis heute Erfolge im Erhalt der gefährdeten Siedlungen. Die meisten der Siedlungen sind attraktive Wohnstandorte mit hoher Lebensqualität. Dies drückt sich auch im engen Zusammenhalt der Bewohner aus. So bilden die ehemaligen Casinos mit ihren Gemeinschafts- und Vereinsräumen den Mittelpunkt des gesellschaftlichen Lebens in den Siedlungen.

5.1.2 Industriedörfer

Die Dörfer der Emscherzone konnten mit der raschen Industrialisierung und Zuwanderung nicht Schritt halten und bildeten erst verspätet städtische Strukturen aus. Heute versuchen die zersiedelten Industriedörfer eine eigene Identität zu finden.

Weite Teile der vorindustriellen Landschaft des Ruhrgebiets wurden abseits der alten Städte in der Hellwegzone von Adelssitzen sowie von kleineren Kirch- und Bauerndörfern geprägt. Im Zuge der Nordverlagerung des Bergbaus wurde insbesondere die Emscherzone von der industriellen Entwicklung geradezu überrollt und die primär landwirtschaftlich strukturierten Dörfer weiteten sich aus. Dabei verloren sie zum Teil ihre Identität und gingen in einem mehr oder weniger zusammenhängenden und verdichteten Siedlungsbereich auf. Aus den Bauerndörfern wurden Industriedörfer und zusammen mit den industriellen Neugründungen entstand das „Revier der großen Dörfer". Mehrere Eingemeindungswellen sorgten in diesen Siedlungen im 19. und 20. Jahrhundert für immer wieder neue Grenzziehungen und ein unbegrenztes Flächenwachstum der Städte. So hat sich etwa die Fläche Dortmunds nach Abschluss der kommunalen Gebietsreform der 1970er-Jahre auf 280 km^2 nahezu verzehnfacht.

Aus den Industriedörfern entstanden Industrievororte oder industriell geprägte Stadtteile. Nach Deindustrialisierung und im Strukturwandel suchen die Stadtteile der Großstädte heute neue Identitäten. In der Bevölkerung ist allerdings vielerorts die kleinräumige Orientierung erhalten geblieben: Man fühlt sich eher seinem Stadtteil als der Stadt zugehörig und beim Gang ins Stadtteilzentrum heißt es noch oft „Ich gehe ins Dorf". Den Siedlungen fehlt es zudem bis heute an wirklich städtischen Merkmalen wie zum Beispiel an einem historisch gewachsenen Ortskern.

Vöhde
Gemeinbesitz von Wald- und Heideflächen

Entwicklungsphase	Zeit	Gestalterische Maßnahme
vorindustriell	vor 1840	Agrarlandschaftliche Ausgestaltung
	ab 1850	Aufteilung der Vöhden
Take-off	ab 1870	Eisenbahnbau
	ab 1870	Beginn der Bergbautätigkeit
hochindustriell	ab 1890	gründerzeitliche Ausbauphase
		Aufbau der Infrastruktur
	ab 1900	Zuzug fremder Arbeitskräfte
spätindustriell	1914 / 18 u. 1928 / 29	Eingemeindungen
	ab 1925	Zentralisierung und Rationalisierung im Bergbau
	ab 1942 ab 1945	Kriegseinwirkungen Nachkriegsentwicklung
Suburbanisierung	ab 1960	
	ab 1975	intensive Phase des Bergbaus; Konzentrationstendenzen im Bergbau
Desurbanisierung		Niedergang des Ortes; zentralörtlicher Funktionsverlust
Deindustrialisierung	ab 1985	Zechenstilllegung
Revitalisierung	ab 1990	Dekontaminierung
	ab 1995	Wiederbelebung des Ortes
	ab 2000	Gewerbeansiedlung auf der Zechenbrache

M 1: *Typischer Entwicklungsgang eines Ortes in der Emscherzone*

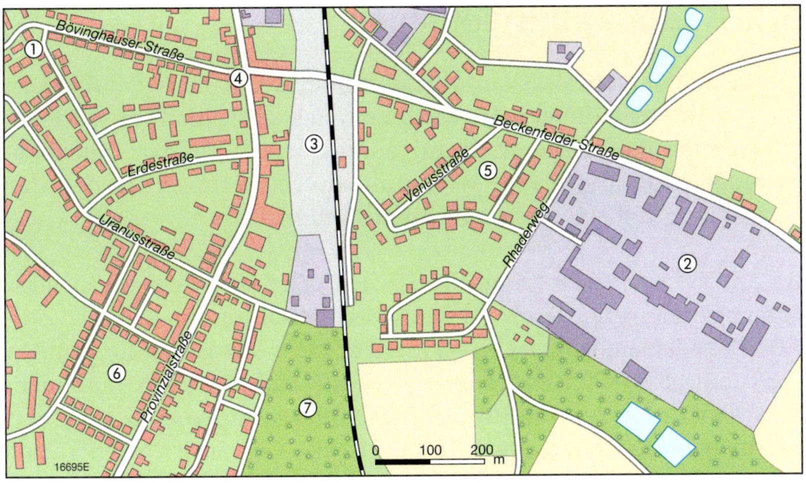

M 2: *Dortmund-Bövinghausen*

Der Siedlungsgrundriss des heutigen Dortmunder Vorortes Bövinghausen (M2) zeigt anschaulich die Abfolge der Entwicklungsphasen eines Industriedorfes. In der offenen Landschaft an Hellweg und Emscher lagen einzelne Adelssitze und Bauerndörfer. Die Aufteilungen der Vöhden für agrarwirtschaftliche Zwecke leiteten eine erste intensivere Besiedlung ein. Der Durchbruch zur industriellen Entwicklung war stark mit dem Bau der Eisenbahn verbunden. Die Gelsenkirchener Bergwerks AG hatte in der Nähe bereits mehrere Schächte für den Abbau lukrativer Fettkohlenvorkommen niedergebracht, als man in unmittelbarer Nähe des Bahnhofs Merklinde, später Bövinghausen, 1898 mit dem Bau eines weiteren Steinkohlenbergwerks begann. Von 1898 bis 1904 entstand eine repräsentative Musteranlage, die Zeche Zollern II/IV (M3), die mit einem unmittelbaren Anschluss an die Emschertalbahn ausgestattet wurde. Der neue Bahnhof wurde zum Kristallisationspunkt eines gründerzeitlichen Ortskerns, der sich durch Zuzug von Bevölkerung, die im Bergbau Arbeit fand, ähnlich den Goldgräberstädten hastig erweiterte.

M 3: *Zeche Zollern II/IV*

Die hinter dem abgebildeten Verwaltungsgebäude liegende Maschinenhalle wurde als erstes Industriebauwerk in Deutschland unter Denkmalschutz gestellt. Heute ist die Anlage Teil des Westfälischen Industriemuseums.

Gewerbebetriebe, Gaststätten und Ladenlokale boten der gut verdienenden Bevölkerung Waren und Dienstleistungen an. Als der Wohnraum im Ort nicht mehr ausreichte, ließ die Bergbaugesellschaft eigene Arbeitersiedlungen errichten. Konzentrationsprozesse und die Einrichtung von Verbundbergwerken führten dann zu Einschränkungen in der bergbaulichen Tätigkeit. Im Zuge der Kohlekrise der 1960er-Jahre wurde die Zeche Zollern endgültig stillgelegt, was Auswirkungen auf die bauliche und soziale Struktur des Ortes hatte. Die Zeche Zollern blieb aber aufgrund ihrer besonderen architektonischen Gestaltung in Gänze erhalten.

Andernorts wurden die ehemaligen Bergwerksanlagen nach Stilllegung in Teilen oder komplett abgerissen, verseuchter Boden dekontaminiert und das Gelände einer neuen Nutzung zugeführt, wobei häufig auch ein neues Stadtteilzentrum entstand. Ohne die Staub- und Lärmbelastungen gewinnen die Orte nun allmählich an Profil. Auch die Bevölkerung identifiziert sich zunehmend wieder mit den Orten und ihrer bergbaulichen Geschichte.

1. *Beschreiben Sie die Gestaltung des Siedlungsraumes durch den Einfluss des Bergbaus.*

5.1.3 Großwohnsiedlungen

Die anfänglich als Glanzstücke modernen Bauens gepriesenen Großwohnsiedlungen entwickelten sich allmählich zu sozialen Brennpunkten. Dieser Trend konnte durch Umbau, Rückbau, Modernisierungen und Wohnumfeldverbesserungen in jüngster Zeit zum Teil erfolgreich gestoppt werden.

Als Antwort auf den zunehmenden Flächenbedarf infolge des anhaltenden Suburbanisierungsprozesses im Laufe der 1960er-Jahre entschieden sich zahlreiche Kommunen, besonders im nördlichen Ruhrgebiet, für den Bau von Großwohnsiedlungen (z. B. Essen-Eiberg, Bochum-Huestadt, Dortmund-Scharnhorst). Ein Beispiel für solch einen neu geschaffenen Stadtteil mit größtenteils hochgeschossiger Bebauung ist die „Neue Stadt Wulfen“ (heute meist Wulfen-Barkenberg) am Nordrand des Ruhrgebiets. Die Anfänge ihrer Planung gehen zurück auf das Jahr 1958, als eine Bergwerksgesellschaft nördlich der Lippe nahe der Gemeinde Wulfen einen Doppelschacht niederbrachte und eine Schachtanlage errichtete. Sie wurde als weitere Etappe der Nordverlegung des Steinkohlenbergbaus angesehen und man rechnete mit weiteren Großschachtanlagen im südlichen Münsterland. Um den zu erwartenden Beschäftigten und damit weiterer zuziehender Bevölkerung ausreichend Wohnraum zur Verfügung stellen zu können und gleichzeitig aber eine weitere Zersiedlung am Rande des Ruhrgebiets zu verhindern, machte man sich an die Planung einer Großwohnsiedlung.

Eine eigens gegründete Entwicklungsgesellschaft schrieb einen städtebaulichen Wettbewerb mit folgenden Vorgaben aus: Die Großwohnsiedlung sollte 8 000 im Bergbau Beschäftigten und deren Familien Wohnraum bieten und in ihrem Endausbau etwa 60 000 Einwohner umfassen. Sie sollte in das münsterländisch geprägte Umland eingepasst werden, das sich durch einen hohen Freizeit- und Erholungswert auszeichnet. Weiterhin waren Maßnahmen zur Verkehrsberuhigung und öffentliche

1. *Informieren Sie sich über das Konzept der „new towns“ in Großbritannien.*
2. *Vergleichen Sie die Planungsabsichten und Gestaltungsmerkmale der britischen „new towns“ mit denen von Wulfen-Barkenberg.*
3. *Erläutern Sie die Konzeption Barkenbergs unter den Aspekten Stadtökologie, Erholung und Freizeit.*
4. *Bewerten Sie die Folgen der Sanierungsmaßnahmen in Wulfen-Barkenberg, eingeleitet durch den Stadtumbau West.*

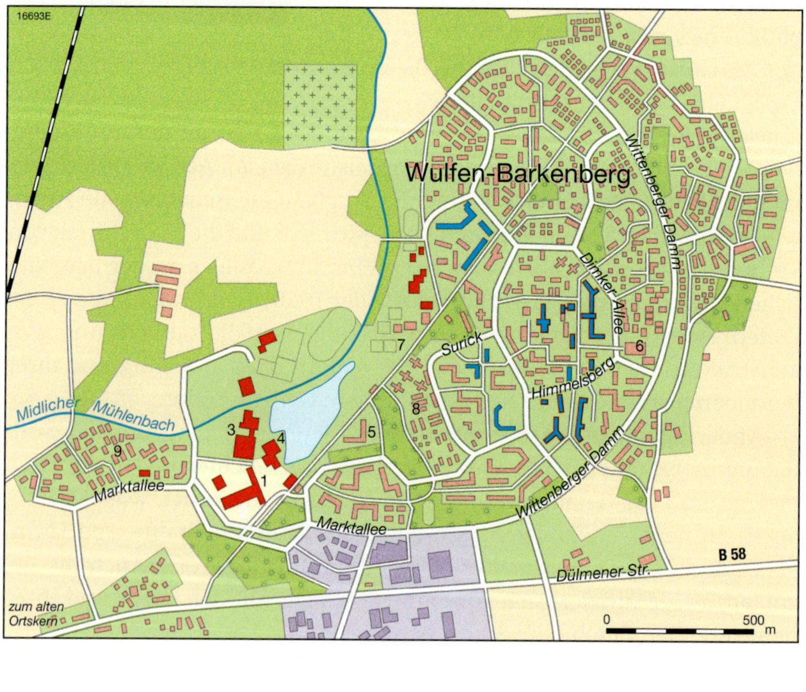

M 1: *Wulfen-Barkenberg vor der Umgestaltung durch den Stadtumbau West*

Einrichtungen und Einkaufsmöglichkeiten im Zentrum (Wulfener Markt, Gemeinschaftshaus, Gesamtschule u. a.) vorgesehen, aber auch Industrie- und Gewerbebetriebe am Rande der Siedlung (M 1). Der siegreiche Entwurf orientierte sich stark an Konzepten der „new towns" in Großbritannien. Im Innenbereich der Siedlung wurde eine strikte Trennung von Verkehrsstraßen und Fußgängerwegen konzipiert. In der Regel unterqueren die Fußgängerwege die Straßen. Der Durchgangsverkehr wird auf einer Ringstraße um die Siedlung herum geführt. Zudem sorgt ein kreuzungsfreies Wabensystem im Innenbereich für weniger Lärm und Abgase sowie für mehr Sicherheit im Anliegerverkehr.

1967 war der erste Bauabschnitt bezugsfertig. Ab 1973 traten in einer Art städtebaulichem Experimentierfeld neuartige Formen des Wohnungsbaus hinzu, so die Finnstadt nach finnischem Vorbild und das Habiflexhaus mit flexiblem, und je nach Lebenssituation der Familien veränderbarem Wohnungsgrundriss. Ein gut 100 Wohneinheiten umfassender und normierter baukastenartiger Hochbaukomplex aus Stahl, die Metastadt, erlaubte zudem eine schnelle und flexible Wohnraumerweiterung.

Ab Mitte der 1970er-Jahre beendete der Schrumpfungsprozess im Bergbau und die kommunale Neugliederung – Wulfen wurde Stadtteil von Dorsten – die weitere Entwicklung jäh. Die Zahl der Einwohner blieb weit hinter den ursprünglichen Vorgaben zurück: 1980 hatte Barkenberg gerade einmal 10 000 Einwohner. Der Abriss der Metastadt wegen baulicher Mängel führte 1989 schließlich in der Öffentlichkeit zu dem Eindruck, das gesamte ehrgeizige Projekt „Neue Stadt Wulfen" sei gescheitert.

Junge Familien zogen weg, es blieben die Bewohner mit Migrationshintergrund und die Bezieher von Sozialleistungen. Insbesondere der mit achtgeschossigen Wohnanlagen bebaute Kernbereich des heute größten Stadtteil Dorstens entwickelte sich zu einem sozialen Brennpunkt. Leerstände, bauliche Verwahrlosung und erhöhte Kriminalität waren die Folge. Dennoch wissen insbesondere die Bewohner der randlich gelegenen Ein- und Zweifamilienhäuser die Wohn- und Lebensqualität durchaus zu schätzen: die Verkehrsberuhigung, die Vielfalt im Grundriss und in der Sozialstruktur und nicht zuletzt das für Freizeitaktivitäten hervorragend geeignete Münsterland unmittelbar vor der Haustür.

Aufgrund der gravierenden sozialen und baulichen Missstände wurde Wulfen-Barkenberg in das Programm „Stadtumbau West" aufgenommen. 2006 wurde der Stadtumbauprozess eingeleitet, der sich in vier Abschnitten bis 2012 vollzog. Zunächst wurden 2007 im großen Stil die achtgeschossigen Wohngebäude an der Dimker Allee abgerissen sowie die Gebäude einer Grundschule und eines Kindergartens beseitigt. Seit 2008 erfolgt der Rückbau weiterer Wohn- und Geschäftsgebäude auf vier Stockwerke. Danach beginnt die Sanierung der Süd-Nord-Wegachse, die Aufwertung von Grünflächen sowie anschließend die Gebäudeinstandsetzung, Wohnungsmodernisierung und die Mieterprivatisierung im südlichen Teil Barkenbergs. Wenn auch, trotz der Maßnahmen, der Charakter einer Großsiedlung bestehen bleibt, so tragen die Bestandsverbesserungen insgesamt zur Imageverbesserung Barkenbergs bei.

M 2: *Abriss der achtgeschossigen Wohnblocks in der Dimker Allee in Wulfen-Barkenberg*

M 3: *Modernisierung der Mietshäuser am Himmelsberg*

Stadtumbau West

Nachdem Bund und Länder 2002 für Ostdeutschland ein Förderprogramm zur Unterstützung des städtebaulichen Strukturwandels „Stadtumbau Ost" aufgelegt hatten, erfolgte 2004 mit dem Programm „Stadtumbau West" eine Ausweitung auf Westdeutschland.

5.2 Neu- und Umgestaltung von Stadtteilen

5.2.1 Grünes Band in Duisburg-Bruckhausen

Ein Grüngürtel soll die Lebens- und Wohnqualität im Duisburger Stadtteil Bruchhausen verbessern. Hierfür mussten Teile des Stadtteils weichen, der in unmittelbarer Nähe zu Industrieanlagen liegt.

Mitten drin statt nur dabei – dieses Motto zeigt die enge Bindung zwischen den Industrieanlagen von ThyssenKrupp und den Wohnbezirken im Duisburger Norden. Seit der Errichtung des Stahlwerks in Bruckhausen 1895 sind die angrenzenden Wohnquartiere mit einem bezogen auf die Produktionsmenge größten Stahlwerke der Welt aufs Engste verzahnt (M1, M2). Dicht an dicht stehen sich Wohnhäuser und Industrieanlagen gegenüber. Die früher positiv bewertete Wohnlage nahe am Arbeitsplatz hat ihre Attraktivität längst verloren. Eine hohe Luft- und Lärmbelastung, bröckelnde Fassaden, wenig Grün und fehlende Infrastruktur kennzeichnen bis heute einen Stadtteil mit Strukturproblemen wie hoher Arbeitslosigkeit und sehr hohem Ausländeranteil. Viele Wohnhäuser standen in Bruckhausen leer, trotz städtischer Maßnahmen zur Verbesserung der Wohn- und Lebensverhältnisse.

2006 fasste die Stadt Duisburg den Entschluss, in Bruckhausen einen „geordneten Rückzug durch Rückbau" einzuleiten. Wesentlicher Bestandteil dieser Sanierungsmaßnahmen wurde ein bis zu 250 m breiter Grüngürtel, der als Puffer zwischen Industrieanlagen und Wohngebieten die Lebens- und Wohnqualität verbessern soll. Der Rückbau erfolgte im Rahmen des mehrstufigen städtebaulicher Sanierungsverfahren nach Baugesetzbuch. Nach den vorgeschriebenen vorbereitenden Untersuchungen mit Befragungen und Gutachten beschloss der Stadtrat 2007 die Umsetzung des „Projekts Grüngürtel", für das ein Durchführungszeitraum von zehn Jahren vorgesehen ist. ThyssenKrupp beteiligte sich zur Hälfte an den Gesamtkosten in Höhe von 72 Millionen Euro und übernahm damit den notwendigen städtischen Anteil, damit die Stadt Duisburg die andere Hälfte seitens

M1: *Das Thyssen-Krupp-Hüttenwerk in Duisburg-Bruckhausen und die Lage des heute realisierten Grüngürtels im Stadtteil vor dem Rückbau.*

M 2: *Dieselstraße in Bruckhausen*

M 3: *Leerstände vor dem Abriss, 2012*

des Landes NRW und der EU erhalten konnte. Dem Grüngürtel mussten rund 300 Häuser weichen. Etwa 1000 Anwohner wurden umgesiedelt.

„Es ist eine radikale Maßnahme, die ich aber für gerechtfertigt halte. Wir beobachten, dass solche Wohnlagen, die entweder durch den Verkehr oder durch Industrie-Emissionen stark belastet sind, heute nicht mehr vermietbar sind. Dort werden die Leerstände weiter zunehmen. Deswegen wird sich Rückbau auch in anderen Städten nicht mehr vermeiden lassen. Duisburg ist da in gewisser Weise Vorreiter."

Hans-Heinrich Blotevogel, *Raumplaner und Geograph an der Technischen Universität Dortmund*

Bürgervereine, die vehement eine Neubelebung statt Vertreibung und Zwangsumsiedlung einforderten (M 4), konnten sich nicht durchsetzen. Viele Quartiersbewohner sahen aber durchaus auch die Chance auf eine Verbesserung ihrer Wohnsituation. Aktuell ähnelt der Grüngürtel (noch) eher einer weiten Rasenfläche mit vereinzelten Spielplätzen (M 5). Industrieseitig wurde der Grüngürtel durch einen mehrere Meter hohen Lärmschutzwall eingefasst. „Ich fühle mich hier jetzt eingesperrt, hier ist eine neue Berliner Mauer entstanden". Solchen Meinungsbildern lässt sich entgegenhalten, dass ein überwiegend in der Bausubstanz sanierter Stadtteil mit neu gepflasterten Plätzen und verkehrsberuhigten Straßen entstanden ist. Die Zahl der Kindergärten hat sich von zwei auf sechs erhöht. Der Wochenmarkt – vormals wenig attraktiv – ist inzwischen der Mittelpunkt der Stadtteilurbanität geworden. Die Einwohnerzahl ist inzwischen stabil, der Migrationshintergrund ist mit 85 Prozent aber nach wie vor sehr hoch. Einzelne Immobilien des Stadtteils werden derzeit sogar auf überregionalen Immobilienbörsen gehandelt.

1. *Nehmen Sie Stellung zur Ansicht des Geographen und Raumplaners Hans-Heinrich Blotevogel.*

M4: *Bruckhausen kämpft*

M 5: *Grüngürtel zwischen Wohngebiet und Industrieanlage, 2015*

5.2.2 Revitalisierung alter Industrieflächen

Durch Umbau und Neunutzung von großflächig brach gefallenen ehemaligen Industrieanlagen ergaben sich in Essen und Dortmund Chancen für eine städtebauliche Neuordnung. So konnten mit dem Krupp-Gürtel in Essen und Phönix West und Ost in Dortmund neue Quartiere des postindustriellen Arbeitens und Wohnens entstehen.

M 1: Quellentext zu den Zielen der Essener Stadtentwicklungsplanung
Stadtentwicklungsprozess Essen, Perspektive 2015+ (2006)

Die Entwicklungsrichtung Essens lässt sich [...] mit den drei Begriffen Mitte, Vielfalt und Wandel fassen:
- *Mitte: Essen wird Motor der regionalen Kooperation, stärkt seine Standortqualitäten und zentralen Funktionen, modernisiert seine Stadtmitte, setzt sich für dichtere ÖV-Verbindungen in der Region ein und erneuert sein Stadtbild [...]*
- *Vielfalt: Essen fördert die Profile seiner Stadtteile, ergänzt mit neuen Wohnprojekten die Vielfalt seiner Angebote, betont die Vielfalt der Milieus und Lebensstile und bietet Angebote für alle Generationen.*
- *Wandel: Essen entwickelt sich zur Wissens- und Dienstleistungsstadt, wird Kulturhauptstadt, fördert mit einem Zukunftsprogramm seine Kinder, baut auf Bürgerengagement, fördert Bürgerbeteiligung und macht seinen Strukturwandel auch im Stadtbild sichtbar.*

In Essen wurde nach dem 2. Weltkrieg die ehemaligen Gussstahlwerke der Firma Krupp nicht vollständig wiederaufgebaut, sondern blieben Jahrzehnte als riesiges Brachgelände zentrumsnah im Westen von Essen bestehen. Schließlich wurde das Gesamtareal (230 ha) seit 2006 unter der Bezeichnung Krupp-Gürtel zu einem postmodernen urbanen Stadtquartier für die Funktionen Arbeiten, Gewerbe, Wohnen, und Erholung gemeinsam von der Stadt Essen und von ThyssenKrupp (Public Privat Partnership) entwickelt und ausgebaut. An diesem Standort entstand im Jahr 2010 die neue ThyssenKrupp-Konzernzentrale, die durch Größe und Architektur im Krupp-Gürtel herausragt. Hier wird heute von mehr als 2500 Mitarbeitern das Unternehmen mit seinen neuen Geschäftsfeldern geleitet. Zusammen mit einem Ausbildungs- und Fortbildungszentrum für Führungskräfte besitzt das ThyssenKrupp Quartier mehr als 100 000 m² Gebäudefläche.

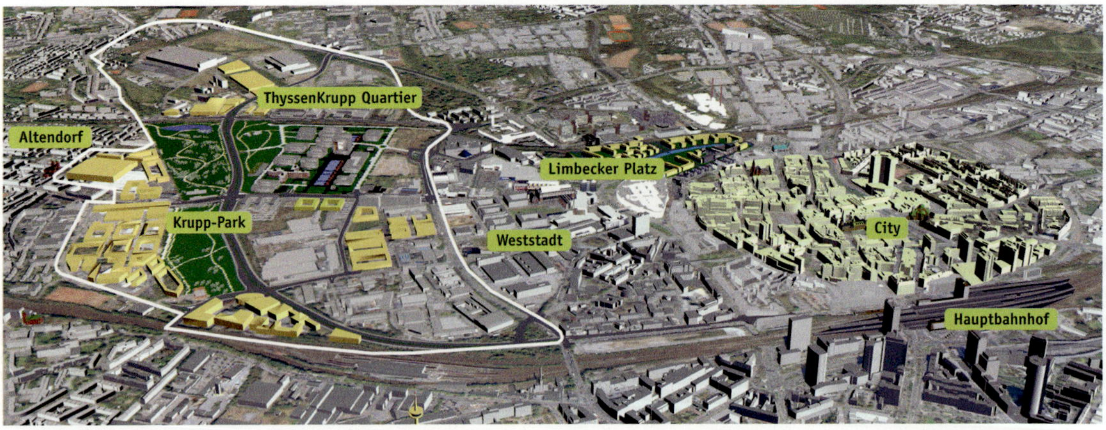

M 2: *Lage des Krupp-Gürtels*

M 3: *ThyssenKrupp Hauptquartier. Mit dem Berthold-Beitz-Boulevard (Hintergrund) wird der Krupp-Gürtel mit seinen neuen Funktionen für den (öffentlichen und privaten) Verkehr erschlossen.*

Der Teilbereich des Geländes, auf dem 2011 der Krupp-Park fertig gestellt wurde, war in den Jahrzehnten davor eine der Öffentlichkeit nicht zugängliche Barriere und ist nun mit einer Hügellandschaft und einer großen Wasserfläche ausgestattet. Aus dem verbotenen, verschlossenen Gebiet wurde ein 22 ha großer Naherholungsraum mit hochwertiger Wohnbebauung. Schließlich wurden im Krupp-Gürtel große Flächen für die Ansiedlung von Dienstleistungsunternehmen genutzt.

Ähnlich groß, aber nicht wie in Essen in direkter Nachbarschaft zur Innenstadt, sondern etwa fünf Kilometer von der City entfernt, liegt das Entwicklungsgelände in Dortmund-Hörde. Hier konnte das über 200 Hektar große ehemalige Phoenix-Gelände revitalisiert werden und damit wandelte sich der Altindustriestandort Hörde zu einem postindustriellen Stadtteil mit vielfältigen Quartieren. Auf dem 110 ha großen westlichen Gelände, auf dem ehemals ein Hüttenwerk betrieben wurde, entstand der Technologiestandort Phoenix für Unternehmen, die Innovationen in der IT- und MST-Branche (Mikrosystemtechnologie) entwickeln. Der 96 ha große Ostteil von Phoenix umfasst die Fläche des ehemaligen Stahlwerks und wurde für die Aufwertung der Funktionen Wohnen, Verwaltung und Dienstleistungen, Kultur, Naherholung und Freizeit weiterentwickelt. Hier wurde bereits kurze Zeit nach seiner Flutung der Phoenix See mit einer Wasserfläche von 24 ha zum markanten Zentrum der Entwicklung.

1. *Vergleichen Sie die von ThyssenKrupp gesteuerten Stadtteilentwicklungen in Duisburg (vgl. 5.2.1) und Essen.*
2. *Analysieren Sie die Entwicklungen im Essener Krupp-Gürtel vor dem Hintergrund der Ziele der Stadtentwicklung.*

M 4: *Phoenix-See*
Die Attraktivität dieses Stausees als Freizeit- und Naherholungsstandort dokumentiert sich auch in der zügigen Vermarktung von etwa 2000 Wohneinheiten rund um den See. Am westlichen Rand des Phoenix-Sees markiert der Hafen und die neuen Dienstleistungsangebote den Übergangsbereich zum bestehenden Hörder Zentrum.

5.2.3 Patchwork-Management

Zunehmende Brachflächen, schrumpfende Bevölkerung und leere Kassen sind Herausforderungen für die Stadtentwicklung in den Ruhrgebietsstädten. In einem modernen Patchwork-Management wird eine Möglichkeit gesehen, die Wohn- und Freizeitqualität der Stadtteile wieder aufzuwerten und sie wirtschaftlich zu stärken.

Grundsätzliche Konzeptionen zur Gestaltung von Stadtteilen in Problemlagen des Ruhrgebiets fordern ein so genanntes Patchwork-Management ein, das die sich abzeichnenden sozio-demographischen Trends berücksichtigt und das Ziel hat, die lokale Ökonomie und Lebensqualität zu stärken, ohne dabei auf die immer knapper werdenden öffentlichen Fördermittel angewiesen zu sein. Ein Patchwork-Management sieht Chancen, die standörtlich und funktional mit den Problemquartieren verbundenen Brachflächen (ehemalige Zechen-, Industrie- oder Hafengelände, aber auch leerstehende Gewerbekomplexe, abgerissene Wohnblocks) zur sozio-ökonomischen Aufwertung zu nutzen.

M 1: Quellentext zur Strategie des Patchwork-Managements
Butzin, B.; Franz, M.; Noll, H.-P.: Strukturwandel im Ruhrgebiet unter Schrumpfungsbedingungen. Patchwork-Management als Herausforderung. (2006)

Patchwork-Management ist dabei als eine maßgeschneiderte doppelte Verzahnung von mosaikartig sich differenzierenden und separierenden Nutzungsmustern zu verstehen, die sich im Ruhrgebiet unter Schrumpfungsbedingungen herausbilden: einerseits die soziale, funktionale und strategisch orientierte Verzahnung von Brach- und Problemflächen im Quartier bzw. in der Standortnachbarschaft; andererseits die integrierende Einbettung der Flächenbausteine in langfristige und auf die interregionale, aber auch auf die globale Maßstabsebene gerichtete Strategien.

Die auf solchen Arealen bereits realisierten Leuchtturmprojekte wie das CentrO in Oberhausen, der Landschaftspark-Nord in Duisburg, das dortmund project oder in kleinerem Maßstab der Bau der Moschee Duisburg-Marxloh (vgl. 4.3) sind im Sinne eines gelungenen Patchwork-Managements nur dann positiv zu bewerten, wenn sie tatsächlich „die Nahumgebung nicht im Dunkeln belassen, sondern leiten". Es ist im Einzelfall zu prüfen, ob solche Leitprojekte auch sozio-ökonomische Vorteile für die Lokalbevölkerung hervorbringen, kleinräumige Wirtschaftskreisläufe in Gang setzen und das interkulturelle Miteinander fördern und damit zur Revitalisierung und Standortaufwertung von Problemstadtteilen beitragen.

Als Positiv-Beispiel eines Patchwork-Managements gilt der Stadtteilumbau in den Gelsenkirchener Stadtteilen Bismarck und Schalke-Nord mit einer Einbindung und Umnutzung von Brachflächen und Gebäuden der 1993 stillgelegten Zeche Consolidation. Diese Revitalisierung wurde im Rahmen des Bund-Länder-Programms „Stadtteile mit besonderem Erneuerungsbedarf – die Soziale Stadt" zwischen 1995 bis 2004 gefördert. Die demographische Entwicklung der beiden Stadtteile lässt sich kennzeichnen durch erhebliche Bevölkerungsverluste (M2). Seit 1961 verringerte sich die Bevölkerungszahl um 5000 auf 21000 Einwohner. Vor allem Personen im erwerbsfähigen Alter verließen die Stadtteile

1. *Bewerten Sie die Stadtteilerneuerung in Gelsenkirchen-Bismarck vor dem Hintergrund der Ziele eines Patchwork-Managements.*

(M3). Nach der Stilllegung der Zeche Consolidation gingen 4000 Arbeitsplätze verloren, die Arbeitslosigkeit gerade unter Jugendlichen stieg an. Die örtliche Kaufkraft in dem Arbeiterstadtteil sank weiter, notwendige Investitionen in die Modernisierung vieler Wohngebäude blieben aus. Das städtebauliche Erscheinungsbild war durch großflächige Brachen und renovierungsbedürftige Fassaden sowie Leerstände gekennzeichnet.

Die mit 27 ha größte Brachfläche der ehemaligen Zeche Consolidation wurde im Rahmen der Stadtteilerneuerung als neuer Stadtmittelpunkt umgestaltet. Im Einzelnen entstand ein vielfältiges kulturelles Angebot für die Stadtteilbewohner (Jugendtheater, Musikzentrum mit 38 Proberäumen für lokale Musikbands, türkisches Gemeindezentrum mit Moschee). Neben neuen Wohnsiedlungen wurden Einzelhandelsgeschäfte angesiedelt und Freiflächen für einen Stadtteilpark genutzt. Weitere Leitprojekte waren der Neubau und Betrieb einer neuen Gesamtschule in Trägerschaft der Evangelischen Kirche, die sich als multikulturelle und ökologische Stadtteilschule versteht.

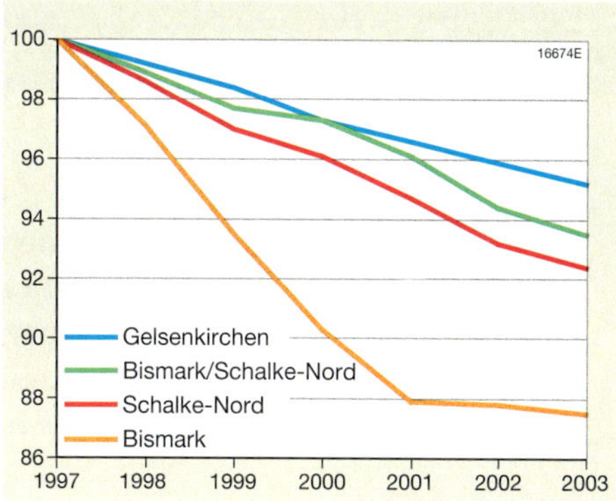

M 2: *Entwicklung der Einwohnerzahlen in Gelsenkirchen und den Stadtteilen Bismarck und Schalke-Nord (1997–2003, 1997: Indexwert = 100)*

Auf einer zweiten größeren Brachfläche, einem 1994 von Krupp aufgegebenen Standort, wurde die Ansiedlung von kleinen Unternehmen (Kfz-Gewerbe, Handwerksbetriebe, Speditionen, Recycling-Unternehmen) gefördert. Circa 800 neue Arbeitsplätze konnten hier geschaffen werden. Entscheidend für den Erfolg der Maßnahmen waren das partizipativ ausgerichtete Stadtteilmanagement mit einem Stadtteilbüro, zuständig für soziale Fragen und die Koordinierung der Stadtteilerneuerung unter Berücksichtigung der Wünsche der Anwohner sowie einem Büro für Wirtschaftsentwicklung, das neben Schulungen für Existenzgründer auch eine Öffnung der lokalen Schullandschaft initiierte. Hier kam es zu Kooperationen zwischen örtlichen Handwerksunternehmen und Schulen mit entsprechenden beschäftigungswirksamen Folgeeffekten für die Schüler. In den baulichen Projekten des Stadtteilprogramms fanden etwa 200 Stadtteilbewohner eine Beschäftigung oder konnten weiterqualifiziert werden. So wurde zum Beispiel eine städtische Notunterkunft unter Einbindung der Anwohner saniert. Im Rahmen eines Gruppenselbsthilfeprojekts entstand eine aus 28 Wohneinheiten bestehende Eigenheimsiedlung für gering verdienende Haushalte.

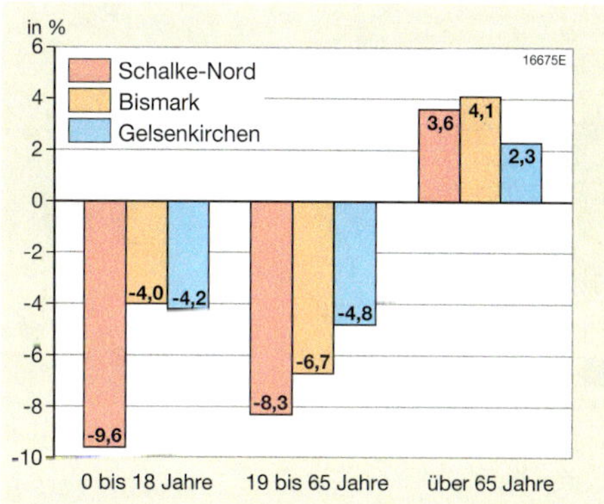

M 3: *Veränderung der Altersklassen in Gelsenkirchen und den Stadtteilen Bismarck und Schalke-Nord (1997–2003)*

In unmittelbarer Nähe zur Gesamtschule wurde 2001 auch die Solarsiedlung Gelsenkirchen-Bismarck eröffnet. Sie war mit 72 Reihenhäusern Vorbild für die Entstehung weiterer Solarsiedlungen in der Stadt, sodass sich Gelsenkirchen mittlerweile als Solarstadt bezeichnet. In den letzten Jahren konnte der Abwanderungstrend gestoppt werden, die Einwohnerzahl in Gelsenkirchen insgesamt und auch die in den Stadtteilen Bismarck und Schalke-Nord hat sich stabilisiert.

M 4: *Solarsiedlung Gelsenkirchen-Bismarck*

5.3 Städte mit überregionalen Funktionen

Schon die Größe und Einwohnerzahl von Essen und Dortmund dokumentiert, dass sie innerhalb der Region eine besondere wirtschaftliche Rolle spielen. Doch auch die anderen Großstädte wie Duisburg, Bochum oder Gelsenkirchen und die Kreise besitzen mit ihren Zentren überregionale Funktionen und haben Schwerpunkte in bedeutenden Kompetenzfeldern ausgebildet.

Noch um 1800 hatte Essen mit lediglich 3500 Einwohnern den Status einer Kleinstadt. Danach begann ein schnelles Wachstum der Stadt, denn die zahlreichen Essener Zechen förderten bis zu einem Drittel der gesamten Kohle des Ruhrgebiets und aus der 1811 in Essen gegründeten Gußstahlfabrik von Alfred Krupp wurde bis zum Ende des 19. Jahrhunderts das damals größte Unternehmen Europas. So wuchs Essen in der Phase der Industrialisierung schnell zur größten Stadt im Ruhrgebiet und erfüllte entsprechende oberzentrale Funktionen. Dieser Bedeutungsüberschuss ließ Essen bis heute auch zu einem wichtigen Standort des Handels und der Verwaltung werden.

M 1: *Einkaufscenter am Limbecker Platz, Essen*

Somit sind Dienstleistungen schon lange der bedeutendste Sektor der Essener Wirtschaftsstruktur. Das Oberzentrum Essen gilt seit Jahrzehnten als die „Einkaufsstadt im Revier“ und durch die Eröffnung eines der größten innenstadtnahen Einkaufszentren Deutschlands (Limbecker Platz 70 000 m² Verkaufsfläche) im Jahr 2009 wurde versucht, diesen Status weiterhin zu halten und einen Gegenpol zu den zahlreichen anderen alten und neuen Einzelhandelsstandorten im Ruhrgebiet (insbesondere zum CentrO Oberhausen) einzunehmen.

Zudem ist Essen wichtiger Standort von Handelsunternehmen. Die Unternehmer Karl und Theo Albrecht gründeten – ausgehend vom

M 2: *„Skyline“ von Essen*

elterlichen Einzelhandelsbetrieb in Essen – ihre Lebensmittelketten Aldi Nord (Hauptsitz Essen) und Aldi Süd (Hauptsitz Mülheim an der Ruhr). Auch Europas größter Schuheinzelhändler Deichmann hat seinen Ursprung und nach wie vor auch seinen Hauptsitz in Essen.

Schließlich ist Essen eine bedeutende Energiemetropole. Auch nach Beendigung des Bergbauzeitalters und unter den neuen Anforderungen der Energiewende agieren von Essen aus Konzerne wie RAG, RWE und Evonik, die die gesamte Wertschöpfungskette des Energiebereichs abdecken: Fossile und regenerative Energiegewinnung, Kraftwerksbau- und Energietechnik, Strom-, Wärme und Kraftstofferzeugung.

Und an diesen besonderen Standort der Montanindustrie wurde in Essen ein neues Kompetenzfeld verortet: Aus der Zeche Zollverein, die 2001 von der UNESCO als Weltkulturerbe deklariert wurde, ist ein international renommiertes Zentrum für Design und Kultur geworden.

Dortmund hatte seit seiner Gründung im Frühmittelalter bis zum Beginn der Industrialisierung bereits eine lange Stadtgeschichte hinter sich, hatte aber ähnlich wie Essen Anfang des 19. Jahrhunderts keine große Bedeutung. Auch hier führte die Etablierung und der Ausbau von Großunternehmen der Montanindustrie (z.B. Westfalenhütte/Hoesch) zu einem rasanten Wachstum; und diese Bedeutung von Kohle und Stahl dominierte die weitere Stadtentwicklung (Bau von Eisenbahnstrecken, Kanälen, Hafenanlagen, neuen Wohnstandorten) und den Wandel Dortmunds zur Großstadt. Dortmund reagierte in der zweiten Hälfte des 20. Jahrhunderts dann auf die Krise der Montanindustrie mit einer Stärkung des tertiären Sektors und einem Bedeutungsgewinn als Standort für Informationstechnologie, Elektrotechnik, Maschinen- und Leichtmetallverarbeitung sowie insbesondere mit der Förderung des zukunftsorientierten Dienstleistungs-, Forschungs- und Hightech-Sektors (vgl. 2.2.2).

M 3: *Einkaufsstraße in Dortmund: Übergang vom Ostenhellweg zum Westenhellweg*

Seit 2010 ist Dortmund nicht nur die bevölkerungsreichste Stadt des Ruhrgebiets (mit 581 000 Einwohnern knapp vor Essen mit 574 000 Einwohnern), sondern als Großstadt am östlichen Rand des Ruhrgebiets auch die größte Stadt Westfalens. Dieser Bedeutungsüberschuss verfestigte die Funktion Dortmunds als Oberzentrum im Osten des Ruhrgebiets, sodass die Stadt in zahlreichen Bereichen überregionale Funktionen erfüllt. So gehört die Dortmunder City zu den am stärksten frequentierten Einzelhandelsstandorten Deutschlands. Ähnlich wie in Essen wurde auch hier im Jahr 2011 ein in die Innenstadt integriertes Einkaufszentrum (Thier-Galerie 33 000 m² Verkaufsfläche) eröffnet. Zudem wurde mit weiteren Großprojekten (Kunst- und Kreativzentrum im Dortmunder „U-Turm", DFB-Fußballmuseum) die Innenstadt weiter verändert.

M 4: *Kulturzentrum Dortmunder U*

Die weiteren Großstädte des Ruhrgebiets (M 3, S. 23) haben seit Beginn der postindustriellen Phase ebenfalls eine starke Veränderung erfahren und streben Weiterentwicklungen in den Bereichen Einzelhandel, Kultur, Sport, Wohnen und Freizeit an. Im Sinne einer global in ehemaligen „Industrie"ländern zu beobachtenden postmodernen Stadtentwicklung

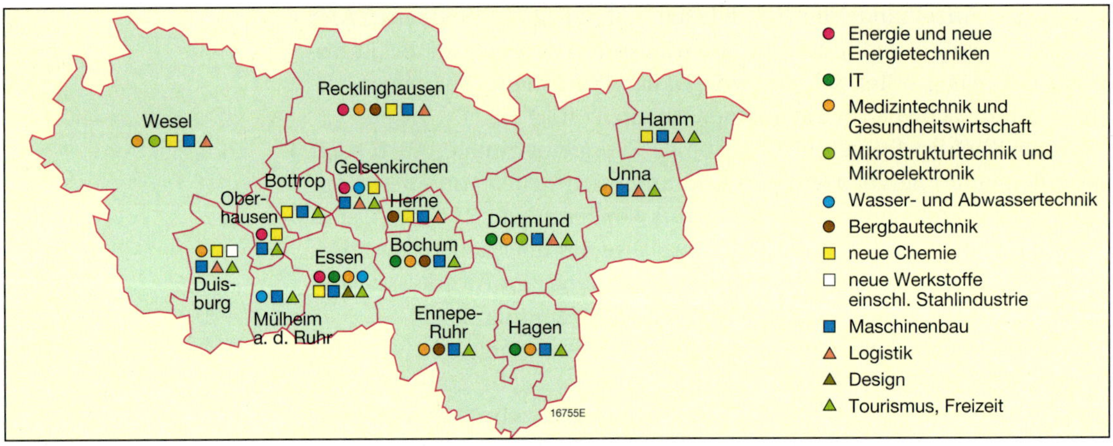

M 5: *Verortung von besonderen wirtschaftlichen Stärken, den sogenannten Kompetenzfeldern, im Ruhrgebiet*

wird versucht, Stadtentwicklung hin zu einer kompakten, nachhaltigen Urbanität zu realisieren und diese mit den Ansprüchen der Tertiärisierung und dem Ziel der Steigerung der Lebensqualität zu verbinden. Allerdings wird hierbei nicht eine regional abgestimmte Strategie umgesetzt, mit der Folge, dass innerhalb der Ruhrgebietsstädte, aber auch innerhalb der Region Standorte zu Modernisierungsgewinnern, aber auch zu -verlierern werden können. Andererseits ergeben sich durch die vielfältigen Bemühungen für die Bewohner und Nutzer in allen Lebensbereichen zahlreiche Angebotsstrukturen, die der Größe und der Verdichtung der Region angemessen sind.

Bei der Förderung von Kompetenzfeldern (M 4) wird dagegen durch die regionale Wirtschaftsförderung eine abgestimmte Strategie für die gesamte Region verfolgt. Im Sinne eines Clusteransatzes (vgl. 2.2.2) sollen die vorhandenen wirtschaftlichen Kompetenzen lokal gestärkt und regional koordiniert werden. Das heißt, ein Kompetenzfeld ist als regionale Konzentration von Unternehmen und Institution in einem spezifischen Wirtschaftsbereich zu verstehen, mit der wirtschaftliches Wachstum, Innovation und Beschäftigung generiert werden können. Insgesamt wurden von der Wirtschaftsförderung zwölf Kompetenzfelder aufgegriffen, die bereits als Stärken der Region angesehen wurden und weiter gefördert werden sollen. Mit einer solchen „Stärkung der Stärken" erfolgt einerseits das Aufgreifen von vorhandenen, lokal im Ruhrgebiet verankerten Kompetenzen. Andererseits sollen ein Ausbau der Kompetenzen und ein Wachstum der Erträge gesichert werden.

Die Kompetenzfelder sind dabei auf die gesamte Region verteilt (M 4), sodass diese Strategie dem gesamten Ruhrgebiet zugutekommt. So ist beispielsweise im Kompetenzfeld Gesundheitswirtschaft der Standort Essen mit einer Vielzahl von medizinischen Einrichtungen (Westdeutsches Tumorzentrum, Westdeutsches Protonentherapiezentrum, Augen- und Handchirurgie, Transplantationsmedizin) ausgewiesen und ist durch den Zusammenschluss im MedEcon Ruhr mit den gesundheitswirtschaftlichen Einrichtungen der gesamten Region vernetzt. Dieses Netzwerk ist ein Beispiel für das neue professionelle Clustermanagement in der Region, das ebenso in den anderen Kompetenzfeldern in den letzten Jahren etabliert werden konnte.

1. *Beschreiben Sie die Stellung Essens in einem auf Kompetenzfelder ausgerichteten wirtschaftlichen Strukturwandel im Ruhrgebiet.*
2. *Diskutieren Sie die sich aus dem Bau eines innenstadtnahen Einkaufszentrums für Essen ergebenden Chancen und Gefahren.*
3. *Recherchieren Sie von Essener Wirtschaftsunternehmen wie RWE AG, E.ON Ruhrgas, ThyssenKrupp, HochTief ausgehende internationale Wirtschaftsaktivitäten.*
4. *Erläutern Sie die Gefahr für Standorte im Ruhrgebiet zu Modernisierungsverlierern werden zu können bzw. die Chance zu Modernisierungsgewinnern werden zu können anhand von Beispielen.*

6 Natur- und kulturräumliche Vitalisierung des Ruhrgebiets

Das Jahrhundert der Montanindustrie hat gravierende Spuren im Naturraum des Ruhrgebiets hinterlassen: eine durch Bergsenkungen veränderte Landschaft, riesige Halden, belastete Flüsse und Industrieruinen auf versiegelten und kontaminierten Böden. In den letzten zwei Jahrzehnten lernte man, verantwortungsvoll und kreativ mit diesem Erbe der Industrievergangenheit umzugehen. So wurden die industriellen Monumente vielfach nicht einfach abgerissen, sondern erhalten und den Menschen zugänglich gemacht, einer anderen Nutzung zugeführt oder wieder der Natur übergeben.

6.1 Gefährdungen durch Bergschäden

Die Folgewirkungen der früheren Bergbauphasen sind im Ruhrgebiet nach wie vor präsent. Bergsenkungen können zu Schäden an Gebäuden, Industrie- und Verkehrsanlagen, Versorgungsleitungen und landwirtschaftlich genutzten Flächen führen und den Lauf von Flüssen und Kanälen verändern.

M 1: Quellentext zu einer Bergsenkung
Bergschäden: Zwei Garagen versunken. Spiegel online 3.1.2000

Der Krater im Bochumer Stadtteil Wattenscheid hat sich weiter vergrößert. Am Montag versank eine zweite Garage in dem 40 mal 40 Meter großen Loch. Am Sonntagmorgen hatte über einer ehemaligen Schachtanlage urplötzlich das Erdreich nachgegeben. Zunächst war eine Garage in einem 40 Meter tiefen Loch verschwunden. Rund 50 Anwohner hatten sofort ihre Häuser verlassen müssen. [...] Um den Krater zu stabilisieren, soll er mit rund 5 000 bis 8 000 Kubikmetern Beton aufgefüllt werden. Die Anwohner wurden von dem Bergschaden völlig überrascht, verletzt wurde aber niemand. [...] Etwa hundert Haushalte sind ohne Strom und Wasser.

M 2: *Schäden durch eine Bergsenkung in Bochum*

Tagesbruch
Kleinere Einsturztrichter an der Erdoberfläche im Bereich von ehemaligen Kleinzechen in den Waldgebieten im Süden des Ruhrgebiets

Was sich im Januar 2000 in Bochum-Wattenscheid ereignete, ist in seinem Ausmaß eher eine Seltenheit. Umfangreiche Recherchen zur Unfallursache ergaben, dass dort bereits 1907 bei Abbrucharbeiten ein 25 Meter hoher Turm in einen alten Bergbauschacht stürzte und nach 40 Metern stecken blieb. Der verbliebene Hohlraum darunter konnte nicht mehr verfüllt werden. 1991 wurde der obere Teil des Schachtes mit einer Betonfüllung geschlossen. Im Laufe der Jahre konnten die Reste des ehemaligen Turms dem Druck der aufliegenden Schachtverfüllung nicht mehr standhalten, sodass es schließlich zu diesem spektakulären Unfall kam.

Weniger selten jedoch sind in den Bergbaugebieten des Ruhrgebiets Risse in Häusern, schief stehende Wände, geborstene Leitungen und vernässte Ackerflächen als sichtbare Folgen der expansiven Phase des Steinkohlenbergbaus. Diese zeigen sich noch in Teilen des Ruhrgebiets, in denen aktiver Bergbau betrieben wird oder auch in Stillstandsgebieten, in denen sich in einem zeitlichen Verzug nach Einstellung der Abbautätigkeit deutliche großräumige Senkungen ergeben. Immer wieder kommt es auch zu Tagesbrüchen.

Als Folge des Steinkohlenbergbaus tritt von jeher ein Massenproblem auf. Steinkohle, die in unterschiedlich mächtigen Kohlebändern (Flözen) unterirdisch vorkommt, wird von Nebengestein begleitet, das bergmännisch als Berge bezeichnet wird. Baut man Kohle und Nebengestein ab, so entstehen ausgedehnte unterirdische Hohlräume. Während man früher die ausgekohlten Stollen wieder mit Berge- und anderen Material verfüllte (Versatz), wurde darauf seit den 1960er-Jahren verzichtet. Die Folge war, dass das darüber liegende Gestein allmählich nachbrach und sich diese Brüche bis zur Oberfläche fortsetzten. In großen Senkungsgebieten kommt es je nach Lage zur Abbaufläche auch zu Pressungen und Zerrungen des Bodens (M 3).

Bis heute sind im Ruhrgebiet circa sieben Mrd. Tonnen Kohle gefördert worden. Für das gesamte Ruhrgebiet ergibt sich rechnerisch ein Senkungsmaß von drei Metern. Die maximale Senkung beträgt örtlich bis zu 25 Meter, zum Teil sogar mehr. Der Verband der bergbaugeschädigten Haus- und Grundeigentümer in Herten bearbeitet heute jährlich 6 000 gemeldete Bergschadensfälle. Das Service Center der Deutschen Steinkohle AG in Duisburg-Homberg erhält etwa 35 000 Beschwerden zu Bergschäden pro Jahr. Die 2009 geschaffene Schlichtungsstelle Bergschaden NRW vermittelt zwischen bergbaugeschädigten Hauseigentümern und den Unternehmen des Steinkohlenbergbaus.

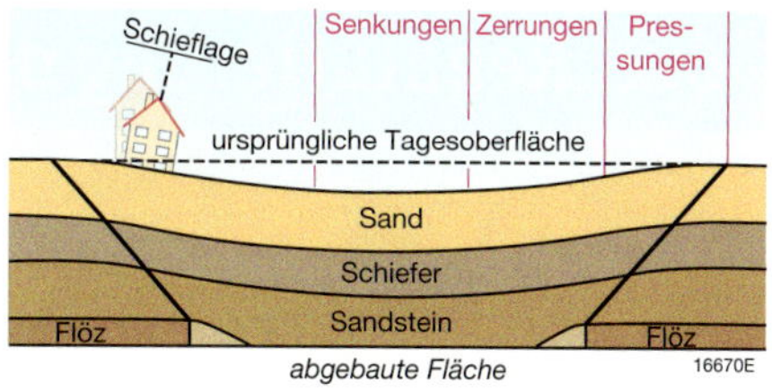

M 3: *Bergsenkung, schematisch*

Neben den Bergschäden an Gebäuden und Straßen kommt es auch zu Abflussstörungen der natürlichen Gewässer, der Abwassergräben und Kanäle. So wurde im 19. Jahrhundert durch das Vorrücken des Bergbaus nach Norden und der damit verbundenen Senkungen die natürliche Vorflut der Emscher schwer gestört. Regelmäßige Überschwemmungen ließen bei Gelsenkirchen im Bereich ihres Mittellaufs große Seenlandschaften entstehen. Bereits 1885 war der Emscher kein einwandfreies Trink- und Brauchwasser mehr zu entnehmen, da sie durch große Mengen Grubenwasser des Bergbaus sowie durch Schmutzwasser von Industrie, Gewerbe und Haushalten verunreinigt wurde (vgl. 6.2). 1901 breitete sich eine Typhusepidemie im Stadtgebiet Gelsenkirchens aus, an der 300 Menschen starben und Tausende erkrankten.

Vorflut

Möglichkeit des Wassers, mit natürlichem Gefälle oder durch künstliche Hebung abzufließen

Zur Regulierung und Reinhaltung der Emscher und ihrer Nebenflüsse wurde 1899 die Emschergenossenschaft als erster deutscher Wasserwirtschaftsverband gegründet. Die Emscher wurde tiefer gelegt und begradigt. Durch Eindeichungen erreichte man trotz der Auswirkungen durch Bergsenkungen einen funktionierenden Abfluss. Durch den Erfolg der Emschergenossenschaft beflügelt, wurde 1926 der Lippeverband für das Einzugsgebiet der Lippe, ihrer Nebenflüsse und Abwassergräben im nördlichen Ruhrgebiet gegründet (M 4).

Die Einrichtungen der Emschergenossenschaft konnten jedoch bei einem Jahrhunderthochwasserereignis im Juli 2008 die Überflutung großer Siedlungsbereiche hinter dem Emscherdeich im Westen Dortmunds nicht mehr verhindern. Keller und Erdgeschosse von Häusern und Gebäuden ganzer Stadtteile standen stundenlang unter Wasser. Der Sachschaden ging in die Millionenhöhe.

Wasserläufe und Anlagen der Emschergenossenschaft:

Wasserläufe: 335 km,
davon Reinwasserläufe: 39 km,
davon Schmutzwasserläufe: 296 km,
Abwasserkanäle: 172 km,
Entwässerungs- und Vorflutpumpwerke: 103,
Anteil der durch Pumpwerke entwässerten Fläche am Verbandsgebiet: 37,8 %,
Kläranlagen für ca. 4,8 Mio. Einwohner

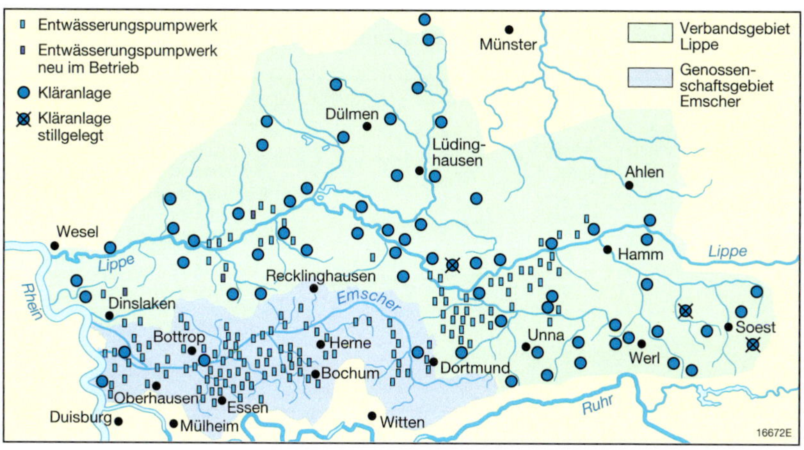

M 4: *Kläranlagen und Pumpwerke im Bereich von Emscher und Lippe*

1. *Benennen Sie mit Hilfe des Atlasses die Standorte im Ruhrgebiet, an denen heute mit Bergschäden zu rechnen sein dürfte.*
2. *Stellen Sie die Ursachen für Bergschäden zusammen.*

6.2 Renaturierung der Emscher

Lange Zeit galt die Emscher, in die Ab- und Grubenwasser geleitet wurden, als schmutzigster Fluss Deutschlands. In den 1990er-Jahren wurde mit dem ökologischen Umbau der Emscher begonnen. Neben der Renaturierung des Flussbettes gehören dazu der Bau von Kläranlagen und die Verlegung unterirdischer Abwasserkanäle.

Das „Vierstromland“ an Rhein, Ruhr, Emscher und Lippe wird sehr stark von seinen natürlichen Flussläufen geprägt, die sogar der gesamten Region und den verschiedenen in ihr liegenden Zonen ihre Namen geben. Dabei haben die Flüsse von jeher ein sehr unterschiedliches Erscheinungsbild: Während die Ruhr windungsreich durch das Mittelgebirge des Süderberglandes fließt, ist die Lippe ein Tieflandfluss an der Grenze zum agrarischen Münsterland. Die Emscher hingegen litt bereits sehr früh unter den Belastungen durch die Industrialisierung und galt als Abwasserfluss und Kloake des Ruhrgebiets. In landschaftlicher Idylle entspringt sie am Südostrand des Ruhrgebiets bei Holzwickede am Emscher Quellhof, einem ehemaligen Bauernhof. Hier vereinen sich kleinere Zuläufe des Haarstrangs zu einem Quellteich. Nach 81,5 Kilometer Strecke quer durch das Ruhrgebiet, zum Teil verrohrt und unter Werksgelände und Straßen hindurch geführt, erreicht die Emscher den Rhein.

Da die natürlichen Fließverhältnisse und die Gewässerreinhaltung zunehmend gestört wurden, ergriff die 1899 gegründete Emschergenossenschaft dringend notwendige Maßnahmen zur Vorflutregelung und Abwasserreinigung. Bis 1913 wurden 72 Kilometer Flussstrecke begradigt, vertieft und eingedeicht. Es entstand ein System der offenen Abwasserkanäle, die im Ruhrgebiet als „Köttelbecken“ bezeichnet wurden. Um aus der „schwarzen Emscher“ wieder eine „blaue Emscher“ zu machen, begann man in den 1990er-Jahren in Teilbereichen mit der ökologischen Umgestaltung des Flusses. Ausgangspunkt der umfangreichen Arbeiten war ein zwei Kilometer langer Abschnitt südlich des Dortmunder Westfalenparks, der im Zuge der Bundesgartenschau 1991 renaturiert wurde.

Kern der Maßnahmen ist der Bau eines Schmutzwasserkanals, der in fünf bis 40 m Tiefe parallel zur Emscher errichtet wird. Die im Durchmesser bis zu 2,80 m große Betonröhre nimmt das Schmutzwasser auf, das über zwei Zwischenpumpwerke zu den Kläranlagen Bottrop und Emschermündung

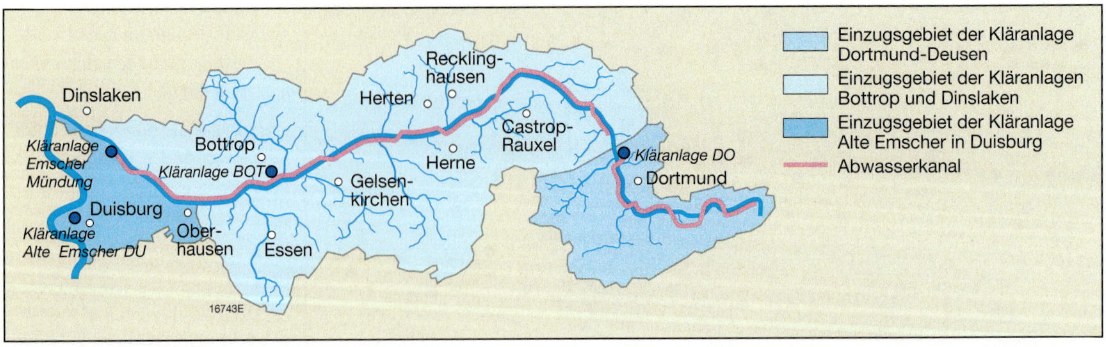

M 1: *Abwasserkanal und Kläranlagen der Emscher*

M 2: *Eingedeichte Emscher bei Recklinghausen*

M 3: *Renaturierter Oberlauf der Emscher*

geleitet wird. Der im Endzustand insgesamt 51 Kilometer lange Emscherkanal soll die offene Abwasserleitung komplett ersetzen. Die saubere neue Emscher soll dann in einem verbreiterten, naturnahen und für Flora und Fauna ökologisch wertvollen Flussbett verlaufen. Hochwasserrückhaltebecken sorgen zudem für den ungestörten Abfluss bei Hochwasserereignissen. Auch an diesen Becken und den offenen ehemaligen Abwasserläufen entstehen nach und nach wieder natürliche Biotope.

2006 wurde die „Arbeitsgemeinschaft Neues Emschertal" durch Zusammenarbeit der Emschergenossenschaft und des Regionalverbands Ruhr gegründet. Ziel war es, die beiden Masterpläne „Emscher Landschaftspark 2010" und „Emscher-Zukunft" umzusetzen. Während der Masterplan Emscher Landschaftspark 2010 die Strategie der Freiraumentwicklung in der gesamten Region verfolgte, beschränkte sich der Masterplan Emscher-Zukunft auf das Tal der Emscher sowie auf die Nebenlaufgebiete und beinhaltete Maßnahmen an den Gewässern und ihrem Umfeld. Beide Masterpläne hatten die Aufwertung von Kultur und Freizeit an Standorten im Bereich der Emscherzone als Beitrag zum aktiven Strukturwandel zum Ziel. Bis 2020 sollen rund 400 Kilometer Abwasserkanäle verlegt, die Oberflächengewässer von der Verschmutzung befreit und anschließend rund 350 Kilometer Gewässerstrecke renaturiert werden. Begleitet werden muss dieses Vorhaben von funktionsfähigen Kläranlagen, die die Abwässer der zufließenden Gewässer behandeln, bevor diese den Rhein erreichen.

Der Planungsbereich Neues Emschertal setzt sich aus dem Kernbereich der Emscher, dem Integrationsbereich der Flussauenlandschaft sowie dem Einzugsgebiet und seinen zufließenden Gewässern zusammen. Von der Quelle bis zur Mündung gliedert sich der Planungsbereich in drei Teilabschnitte. Im Oberlauf der Emscher sind die Bauarbeiten fast abgeschlossen. Ein 23 Kilometer langes Teilstück des Emscher-Kanals ist zwischen der Quelle und der Kläranlage Dortmund-Deusen erstellt. Dieser Kanal entwässert eine Fläche von 94 km^2, von der ein Drittel als versiegelte Fläche gilt. Insgesamt leben in dem Einzugsgebiet der Kläranlage allein etwa 450 000 Menschen. Flussabwärts folgt der Hauptlauf der Emscher. Zwischen Castrop-Rauxel und Oberhausen passiert der Fluss die zentralen Bereiche des Ruhrgebiets. Westlich schließt sich zwischen Duisburg, Dinslaken und Oberhausen das Emscherdelta an. Dies entstand wegen der künstlichen Verlagerung der Mündung nach Norden aufgrund von Bergsenkungen im Norden Duisburgs. So mündet der Hauptlauf südlich von Dinslaken in den Rhein und seit 2014 wird dieser Bereich naturnah neugebaut.

M 4: *Kläranlage Bottrop*

1. *Stellen Sie die Maßnahmen zur Renaturierung der Emscher und ihrer Nebenflüsse zusammen.*
2. *Beurteilen Sie den Erfolg der Maßnahmen hinsichtlich Erlebbarkeit und Freizeitpotenzial.*

6.3 Haldenbegrünung und Senkungsseen

Aus der anfänglich unberührten Naturlandschaft hat sich die industrielle Kulturlandschaft des Ruhrgebiets entwickelt, eine Natur aus zweiter Hand. Zunächst als unabdingbare Hinterlassenschaften des Bergbaus entstanden, erfüllen Halden und Senkungsseen heute wichtige Funktionen in den Bereichen Ökologie, Freizeit und Tourismus.

M 1: *Haldentypen*

Durch den Abbau der Kohlenflöze entsteht im Steinkohlenbergbau ein unterirdischer Massenverlust. Dieser wird umso größer, je mehr anfallendes Nebengestein (Bergematerial) mit gefördert wird. Das Bergematerial wird an der Oberfläche in Form von Halden aufgeschüttet. Zunächst gaben die typischen Spitzkegelhalden, die über Transportbänder beschickt wurden und in unmittelbarer Nähe zum Bergwerk lagen, dem Relief der Region eine neue Ausprägung. Später erhielten die größer werdenden Halden die Form von Tafelbergen und modellierten Landschaftsbauwerken (M 1). Als Haldenbauwerke einer neuen Generation werden landschaftsgestalterische Haldenensembles bezeichnet, die Elemente der vorherigen Generationen gekonnt miteinander kombinieren, wie etwa die Halde Rungenberg in Gelsenkirchen. Insgesamt gibt es im Ruhrgebiet derzeit 20 große Haldenkomplexe. Hinzu kommen einige ältere, kleinere Spitzkegelhalden und Tafelberge. Einige Halden befinden sich im Eigentum des Regionalverbands Ruhr und werden für Freizeitaktivitäten aufbereitet und unterhalten, andere werden noch von Unternehmen der Montanindustrie und von Entwicklungsgesellschaften verwaltet (M 4).

Die Restkohlenmenge in dem aufgeschütteten Bergematerial betrug in den 1970er-Jahren noch bis zu 20 Prozent. Daher können Halden in ihrem Inneren in Brand geraten, schwelen und fast 500 °C erreichen. Die Brenndauer wird auf 100 Jahre geschätzt. Zurzeit schwelen sieben Halden, die in Teilbereichen weder betreten noch gestaltet werden dürfen.

Die begrünten Halden sind Natur aus zweiter Hand und haben ein heute nicht mehr wegzudenkendes ökologisches Potenzial. Sie bieten Lebensräume für selten gewordene Pflanzen- und Tierarten. Dabei werden unterschiedliche Wege beschritten. So wurde im Zusammenhang mit

M 2: *Halde Prosper mit Alpincenter in Bottrop*

M 3: *Beversee bei Bergkamen*

der Sanierung und Rekultivierung einer städtischen Müllhalde im Dortmunder Nordosten ein umfangreiches Haldengelände geschaffen. Am Fuße der Halde wurde ein Mittelwald angepflanzt, bestehend aus Hainbuchen, Stieleichen und Winterlinden (M 5). Weiter hangaufwärts folgen Gräser- und Staudenfluren, um einerseits verschiedenen Tierarten Möglichkeiten zur Ansiedlung zu bieten und um andererseits ein Zuwachsen der Halde zu verhindern, damit auch zukünftig die Halde als Aussichtspunkt erhalten bleibt. In Bereichen, in denen sich die Natur ohne menschliche Eingriffe entwickeln konnte, folgen durch natürliche Sukzession Birken und Erlen.

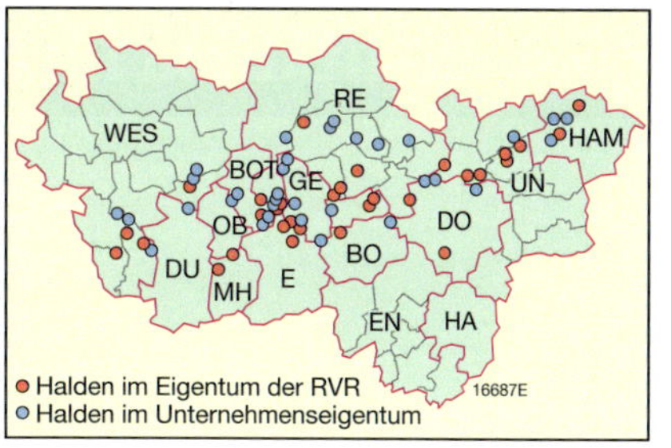

M 4: *Halden im Ruhrgebiet*

Halden erfüllen zudem unterschiedliche Funktionen für Erholung, Sport und Freizeit. So ist die Spitzkegelhalde der ehemaligen Zeche Schleswig in Dortmund-Asseln zu einem Mountainbiker-Areal ausgebaut worden. Weit über die Grenzen des Ruhrgebiets hinaus bekannt ist die Skihalle des Alpincenters auf der Halde Prosper in Bottrop (M 2) mit einer 640 Meter langen und 30 Meter breiten Abfahrt. Des Weiteren kann man über eine 1 000 Meter lange Sommerrodelbahn den Höhenunterschied von 80 Metern zwischen „Gipfel und Talstation" überwinden. Zu der Route der Landmarken-Kunst, die 22 Standorte im Ruhrgebiet erfasst, gehören auch einige Halden, die sich als Standorte für Kunst präsentieren und gleichzeitig als gern besuchte Aussichtspunkte dienen (vgl. 6.5.1).

Tritt Grundwasser in Bereichen von Senkungsgebieten des Bergbaus bis an die Oberfläche, füllt sich die Senkungsmulde, und es entstehen ausgedehnte Senkungsseen, die sich vor allem in der Emscher- und Lippezone finden. Beispiele sind der Beversee (M 3) in Bergkamen oder die Hallerey in Dortmund (M 6). Die Niederung der Hallerey wurde durch bergbauliche Tätigkeit der benachbarten Zeche Dorstfeld zusätzlich abgesenkt, sodass sich mehrere stehende Gewässer bildeten. Bereits 1977 wurden große Teile des Bereichs als Naturschutzgebiet ausgewiesen. Heute hat die zusammenhängende Seefläche eine Größe von 32 ha. Obwohl die Hallerey von Verkehrstrassen umgeben ist, zeichnet sich das ausgedehnte See- und Sumpfgebiet als bedeutender Brut-, Rast- und Durchzugsraum für Sumpf- und Wasservögel aus, die hier in einer großen Artenvielfalt vorkommen.

1. *Stellen Sie die Nutzungsmöglichkeiten von Halden unterschiedlichen Typs zusammen.*
2. *Erläutern Sie mögliche Nutzungskonkurrenzen, die sich aus touristischen Anforderungen und ökologischen Belangen ergeben können.*

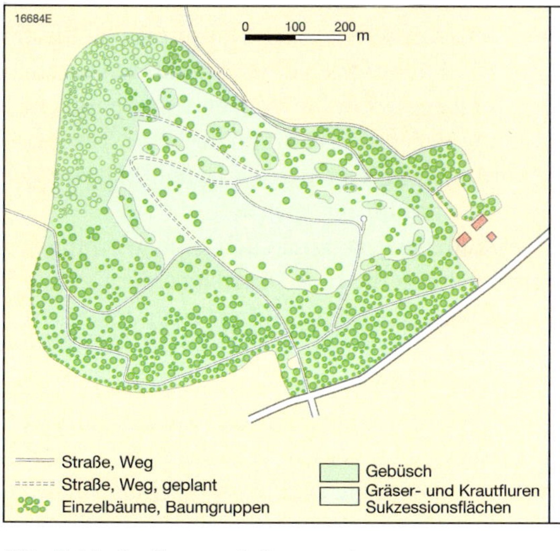

M 5: *Haldenbepflanzung in Dortmund*

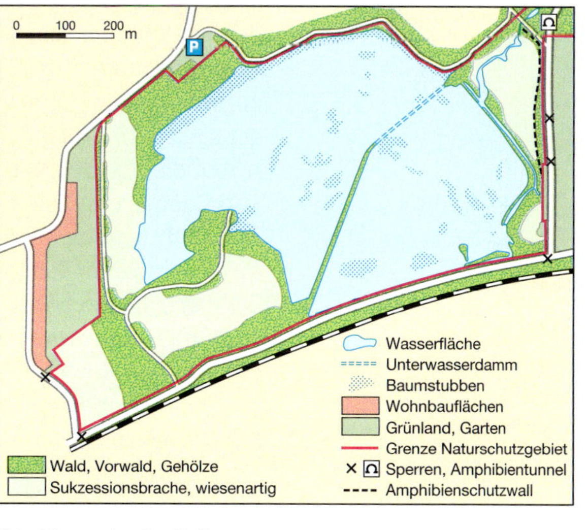

M 6: *Vegetation der Hallerey*

6.4 Stadtklima im Ballungsraum Ruhrgebiet

Im Vergleich zum nicht bebauten Umland bewirkt die städtische Bebauung klimatische Veränderungen, die als Stadtklima bezeichnet werden. So treten gerade im verdichteten, urban-industriell überformten Ballungsraum Ruhrgebiet stadtklimatische Effekte wie Überwärmung oder verminderter Luftaustausch gehäuft auf.

Allgemein ist das Klima im Ruhrgebiet geprägt durch westliche Winde mit kühl-gemäßigten Sommern und mäßig-kalten Wintern. Dieses maritime Klima ist mit der relativen Nähe zum Atlantik und zum Golfstrom zu erklären. Die Westwinde verursachen einen steten Transport milder Luft und damit eine verhältnismäßig geringe Jahrestemperaturamplitude. Auch die Niederschläge sind im Ruhrgebiet recht gleichmäßig über das Jahr verteilt. Im Winter sind länger anhaltender Landregen typisch, im Sommer kürzere, aber sehr ergiebige Schauer. Der Juli ist durch einzelne Starkregenereignisse der niederschlagsreichste Monat (M 1).

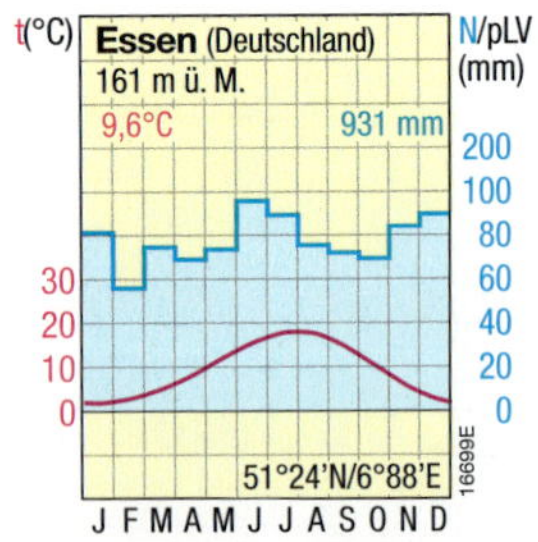

M 1: *Klimadiagramm Essen*

Bei genauerer Betrachtung sind allerdings auch klimatische Differenzierungen im Ruhrgebiet auszumachen. Zum einen unterscheidet sich das Klima in den tieferen Lagen des nördlichen Ruhrgebiets, die naturräumlich dem Niederrheinischen Tiefland und dem Münsterland zuzuordnen sind, von den höher gelegenen Bereichen im Süden des Ruhrgebiets. So nehmen mit der Höhenlage die Jahresniederschläge zu, da die Luftmassen hier aufsteigen müssen und dann Kondensation einsetzt. Zudem sinken die Temperaturen mit der Höhe, sodass im südlichen (höher gelegenen) Ruhrgebiet im Winter häufiger Schnee fällt. Zum anderen sind im Ruhrgebiet kleinräumige Differenzierungen zu beobachten, da die vielen einzelnen Zentren und Randbereiche ein Mosaik aus verschiedenen Klimatopen bilden (M 2).

Klimatop
Kleinste Einheit innerhalb einer Klimazone

Als markanteste stadtklimatische Ausprägung im Ruhrgebiet (sowie in anderen urbanen Siedlungsräumen) ist sicherlich die höhere Temperatur gegenüber dem unbebauten Umland zu nennen, die vor allem nachts deutlich zu spüren ist. Durch diese Überwärmung bilden sich insbesondere im Sommer sogenannte Wärmeinseln aus. Als Hauptursache für die Überwärmung ist die Bebauung zu nennen, da die Gebäude im Vergleich zu unbebautem Boden und zur Vegetation die Wärme stärker und länger speichern. Auch die fehlende Vegetation führt zu höheren Temperaturen, da Pflanzen bei der Verdunstung von Wasser an den Blättern der Luft Energie entziehen, was eine Abkühlung bewirkt.

Die Bebauung in den Städten bewirkt zusätzlich eine verminderte Windgeschwindigkeit, einerseits durch die raue Oberfläche der Gebäude, andererseits durch ihre Barrierewirkung. Somit kommt es in den Städten häufig zu einer Anreicherung von Luftschadstoffen, sodass sich im Ruhrgebiet bei entsprechenden schwachwindigen Hochdruckwetterlagen eine stadtklimatisch bedingte Dunstglocke über den Städten festsetzt. Als weitere Ursachen für die Überwärmung von Städten sind der hohe Grad der Versiegelung sowie die Abwärme zu nennen: Durch großflächige Versiegelungen fließen Niederschläge zügig in die Kanalisation ab. Sie können somit nicht verdunsten, der Luft Verdunstungswärme entziehen und damit

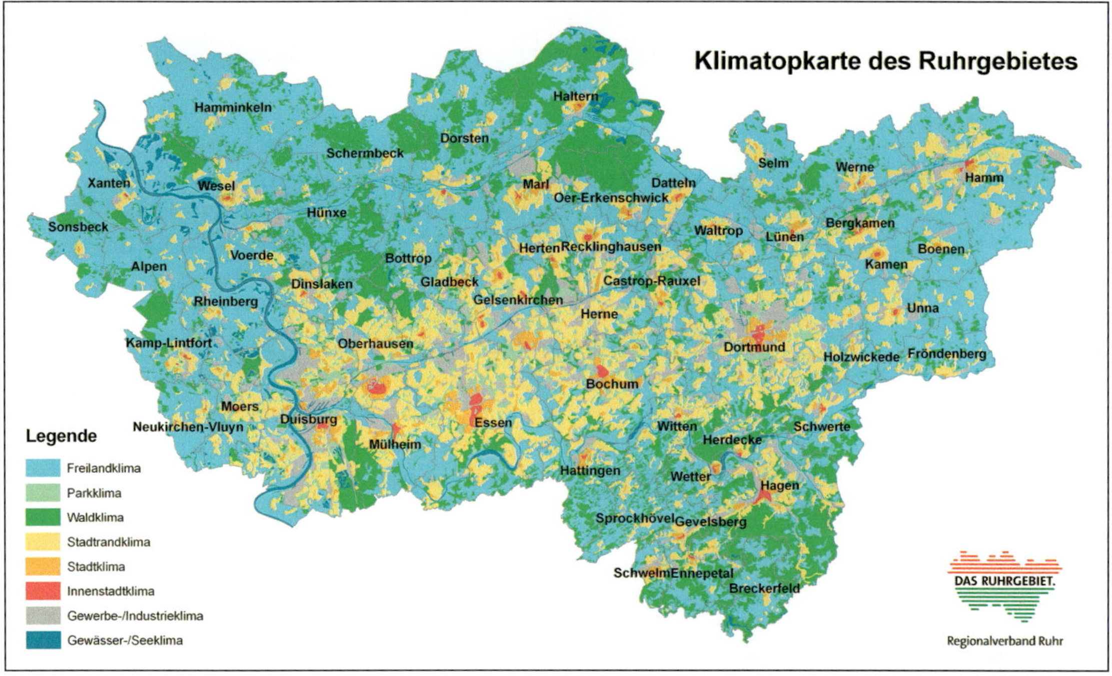

M 2: *Klimatopkarte des Ruhrgebiets*

für Abkühlung sorgen. Die Abwärme wird im Winter durch Heizungen, im Sommer durch Klimaanlagen verursacht. Zudem geben Industrie und Verkehrsmittel erhebliche Wärmemengen an die Außenluft ab.

Die Details und Veränderungen des Klimas in den Ruhrgebietsstädten werden seit vielen Jahrzehnten gemessen. Grundlage jeder Stadtklimaanalyse bildet ein Netz von mehreren festen Klimastationen, die einen umfassenden Überblick über die Klimate der verschiedenen Nutzungstypen (z. B. Innenstadt, Stadtrand, Parkanlagen, Freiland etc.) innerhalb des jeweiligen Stadtgebietes liefern und mit Windgebern (für Richtung und Geschwindigkeit), Thermometern und Hygrometern ausgestattet sind. Ergänzend werden Daten während nächtlicher Messfahrten erfasst. Über den Klimaserver Ruhrgebiet werden diese lokalen Daten online zur Verfügung gestellt (www.metropoleruhr.de/regionalverband-ruhr/umwelt-freiraum/klima/klimaserver.html).

M 3: *Messstation*

Aus den Klimaanalysen der einzelnen Ruhrgebietsstädte entstehen Planungshinweiskarten, die aufzeigen, welche Möglichkeiten für klimaverbessernde Maßnahmen existieren. So kann in der Stadt die Überwärmung abgebaut und die Schadstoffbelastung reduziert werden, wenn Luft aus dem umliegenden Grün- und Freiland über Luftleitbahnen in die Stadt geleitet wird. Dies gelingt am besten, wenn die Frischluftzugbahnen wie zum Beispiel zusammenhängende Grünflächen, Flüsse oder Verkehrsachsen linear auf die Wärmeinsel ausgerichtet sind und keine quer stehenden Hindernisse aufweisen. Aufgrund der vielen Freiflächen im Ruhrgebiet sind im Übrigen im Vergleich zu anderen Ballungsräumen durchaus mehr Ausgleichsräume für ein besseres Stadtklima vorhanden. Selbst innerhalb der „schrumpfenden" Ruhrgebietsstädte können auf ehemaligen Industrie- und Wohnflächen Grüngürtel entstehen (vgl. 5.2.1). Auch Wasserflächen können aufgrund ihrer hohen Wärmekapazität viel Wärme aufnehmen und das Stadtklima verbessern, ebenso wie eine aufgelockerte Bauweise, lichte Straßen, schattenspendende Bäume und begrünte Häuser.

1. *Analysieren Sie klimabelastende und klimaausgleichende Faktoren für die Stadt Essen (Atlas).*

6.5 Umbau des industriellen Erbes

Die im Zentrum des Ruhrgebiets gelegene Emscherregion benötigte vor allem einen ökologischen Umbau. Denn die vielen nicht mehr genutzten altindustriellen Gebäude, Anlagen und Flächen waren nicht nur unübersehbares Zeichen für die Krise der Region, sondern sie waren auch massiv ökologisch belastet.

Die industrielle Monostruktur führte bis in die 1980er-Jahre insbesondere in der Emscherzone zu einer massiven Belastung von Boden, Luft und Wasser und damit auch der Bewohner der Region. Zudem war in der Emscherzone der wirtschaftliche Abschwung besonders massiv. Als Folge dieser strukturellen Krisen der Montanindustrie wurden mehrere Tausend Hektar an Industrieflächen aus der Produktion genommen und fielen brach. Diese großen Areale mit ihren Anlagen und Gebäuden blieben als industrielles Erbe zurück. Um dieses Flächenpotenzial zu nutzen, wurde im Jahr 1979 im Ruhrgebiet der Grundstücksfonds NRW ins Leben gerufen. Hiermit unterstützte das Bundesland die Städte des Ruhrgebiets beim Brachflächenrecycling, denn mit dem Grundstückfonds NRW wurden folgende Aufgaben übernommen:

M 1: *Kokerei Hansa in Dortmund, 1992 endgültig stillgelegt*

- Gewährleistung von verantwortungsvollem Umgang mit Altlasten,
- Schaffung von neuem Stadtraum,
- Sicherung von Arbeitsplätzen,
- Bereitstellung von Flächen für gewerbliche Investitionen,
- Schaffung von Freizeit- und Kulturräumen.

Mit dem Grundstücksfonds NRW standen rund zwei Mrd. Euro für den Flächenkauf, den Anlagenabbruch, die Altlastenbeseitigung und die Erschließung von Industriebrachen zur Verfügung. Diese große Summe setzte sich aus EU-, Bundes- und Landesmitteln sowie aus Einnahmen aus Verkäufen von Grundstücken und aus Miet- und Pachteinnahmen zusammen. In der Zeit von 1980 bis 2006 konnten damit etwa 2700 ha Brachflächen angekauft werden, von denen rund 1700 ha auch wieder vermarktet werden konnten.

Der Grundstücksfonds NRW war für die Region Ruhrgebiet eine notwendige Grundlage für die Etablierung einer neuen Politik, die industrielle Brachflächen ganz neu bewertete und somit mit der Krise und der Schrumpfung offensiv umging. Diese Entwicklungen erreichten Ende der 1980er-Jahre ihren Höhepunkt, indem ein großes Strukturprogramm für die am stärksten industriell belastete Zone des Ruhrgebiets aufgelegt wurde: In der Emscherzone wurde vom Land NRW die Internationale Bauausstellung (IBA) Emscher Park etabliert. Dieses Programm sollte in der Zeit von 1989 – 1999 dem ökologischen, ökonomischen und sozialen Umbau des Emscherraums neue Impulse geben. Tatsächlich gelang vor allem der ökologische Umbau. Aber weil ein Umdenken stattfand und die Chancen der industriellen Vergangenheit in Projekten sichtbar aufgezeigt wurden, gab es letztlich auch zahlreiche Impulse für die ökonomische und soziale Entwicklung der Emscherzone.

1. *Beschreiben Sie die Abgrenzung des Gebietes der IBA Emscher Park.*
2. *Stellen Sie die Umnutzung industrieller Brachflächen im Ruhrgebiet dar.*
3. *Erörtern Sie die Aussage: Industrielles Erbe ist als Ausgangspunkt für neue Entwicklungen anzusehen.*

M 2: *Gewerbepark Erin – neue Arbeitsplätze und Naherholungsgebiet in Castrop-Rauxel*

Insgesamt wurden in zehn Jahren IBA 120 Projekte auf altindustriellen Brachflächen von Akteuren der Emscherregion (Städte und Kreise des nördlichen Ruhrgebiets, der damalige Kommunalverband Ruhrgebiet (KVR), die IBA Emscher Park GmbH u. A.) umgesetzt. Investiert wurden hierfür 2,5 Milliarden Euro und man verfolgte mit den Projekten der IBA die Strategie, die durch Produktionsstätten, Verkehrswege und Siedlungen fragmentierte Landschaft aufzuwerten und räumliche Verbindungen wieder herzustellen, die zuvor durch die großflächige industrielle Nutzung verhindert wurden. In diesem Sinne entstand der Emscher Landschaftspark (M3), der auf einer Fläche von 320 km² den Wiederaufbau der Landschaft realisierte. Insgesamt wurde dieser Regionalpark zu einem großen Erfolg, da auch die anderen Maßnahmen in der Region sinnvoll in die IBA-Strategie eingebunden waren. Hier sind vor allem der ökologische Umbau des Emschersystems (vgl. 6.2) und die Umnutzung von bestehenden Industrieflächen zu neuen Gewerbe- und Bürostandorten (M2) zu nennen. Mittlerweile ist der Emscher Landschaftspark in der Trägerschaft des Regionalverbandes Ruhr und er besteht aus über 200 Projekten auf einer Fläche von 450 km². Er ist heute für Einheimische wie für Gäste eine durch Industrienatur und Industriekultur geprägte außergewöhnliche Landschaft.

Gewerbepark Erin

Im Jahr 1985 wurde vom Grundstücksfonds das circa 33 ha große ehemalige Zechen- und Kokereigelände der Zeche Erin in Castrop-Rauxel erworben. Hier wurde seit dem Jahr 1867 bis zur Stilllegung 1983 Kohle förderte. Heute ist auf dem Gelände in direkter Nachbarschaft zur Innenstadt von Castrop-Rauxel ein Gewerbepark mit einer Angebotsmischung aus stadtnahen Dienstleistungsbetrieben, kleinteiligem Gewerbe, großen Gewerbebetrieben und Grün- und Freizeitbereichen entstanden.

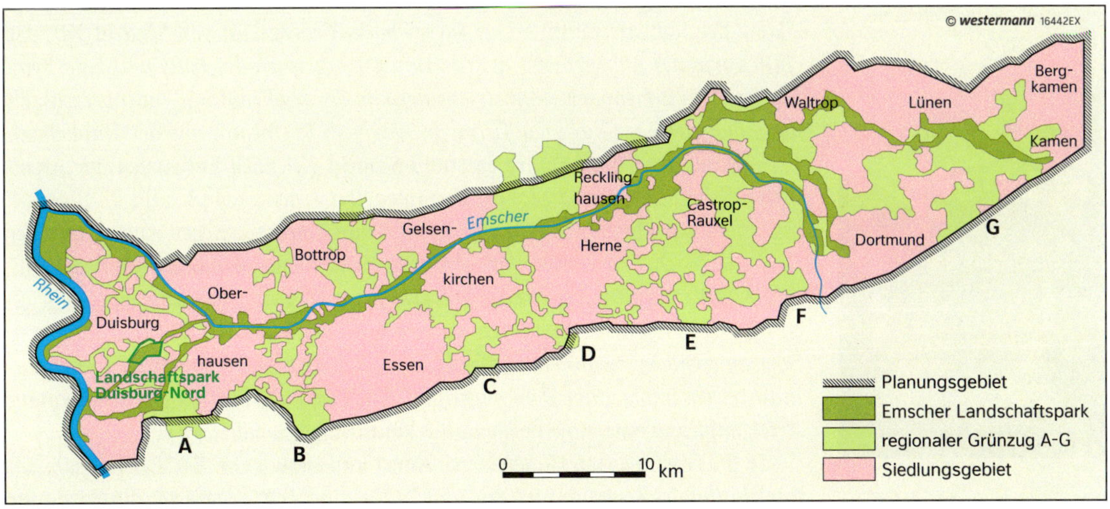

M 3: *Emscher Landschaftspark*

6.5.1 Route der Industriekultur

Nach wie vor sind Zechentürme oder Hochöfen im Ruhrgebiet weithin sichtbar. Denn die bedeutendsten Beispiele wurden zu Denkmälern des über 150 Jahre andauernden Industriezeitalters umfunktioniert. Sie wurden zu Industriemuseen, neuen Veranstaltungsorten und Tourismuszielen umgestaltet und in die Route der Industriekultur aufgenommen.

Mit der IBA Emscher Park entstand in den 1990er-Jahren ein neues Verständnis für die zahlreichen Zeugen der industriellen Vergangenheit (vgl. 6.5). Die alten Industriegebäude, die häufig in den Zentren der Städte und Stadtteile der Region liegen und hier ehemals das gesellschaftliche Leben prägten, bekamen wieder eine Wertigkeit. Sie wurden zu Orten der Industriedenkmalpflege und der Geschichtskultur, indem nicht alle Gebäude abgerissen, sondern geöffnet wurden. Diese Industriedenkmäler waren damit nicht nur weithin sichtbare Monumente der Vergangenheit, sondern sie wurden auch Merkmale für den Wandel der Region.

Allerdings dauerte es eine gewisse Zeit, bis dieser Wandel auch akzeptiert wurde. Entscheidend für eine positive Bewertung dieser industriellen Restbestände war der Beschluss für den Erhalt von Europas größtem Gasometer in Oberhausen und die Installation einer Ausstellung zur Industriegeschichte des Ruhrgebiets in diesem Gasometer, die 1994 von mehr als 450 000 Menschen besucht wurde. Herausragende weitere Beispiele sind der Landschaftspark Duisburg-Nord (vgl. 6.5.3), die Zeche Zollverein in Essen, die Jahrhunderthalle in Bochum oder die Kokerei Hansa in Dortmund. Diese alten Industrieensembles wurden seit den 1990er-Jahren neu inszeniert. Sie sind heute vor allem bekannt als Spielorte für Konzerte und Theater, als Standorte für Open-Air-Kinos oder als einprägsame Orientierungspunkte in der Landschaft.

1. Erörtern Sie das neue Verständnis für die zahlreichen Zeugnisse der industriellen Vergangenheit im Ruhrgebiet.

M 1: Quellentext zur Zeche und Kokerei Zollverein
Ermlich, G.: Ikone der Industriekultur – Zeche Zollverein. Taz 14.3.2009

Seit 2002 sind Zeche und Kokerei Zollverein, früher die größte und modernste Steinkohleförderanlage der Welt, Weltkulturerbe der UNESCO. Zollverein zieht Superlative magisch an: „Die schönste Zeche der Welt", „Kathedrale der Arbeit", „Ikone der Industriekultur". Das Doppelbock-Fördergerüst von Schacht XII, der „Eiffelturm des Ruhrgebiets", wurde zum Wahrzeichen des Potts und zum Symbol des Strukturwandels. Industrieästhetik in Formvollendung – nachts erstrahlt die Silhouette des filigranen Turms in warmem Rostbraun aus der Dunkelheit. [...] Anfang der 1930er-Jahre entstand Schacht XII nach Entwürfen der Architekten Fritz Schupp und Martin Kremmer. Ein Prachtexemplar im Bauhausstil mit kubischen Maschinenhallen und einer klaren geometrischen Anordnung der Gebäude. Nach 140 Jahren war Schicht im Schacht, 1986 machte die Zeche Zollverein dicht, 1993 folgte die Kokerei. Doch was tun mit dem 100 Hektar großen brachliegenden Areal? Einige wollten den Komplettabriss der Dreckanlagen. Doch zum Glück gewannen die Geschichtsbewahrer die Oberhand und setzten das Industrieensemble unter Denkmalschutz. Nach und nach wurde der Schwerindustriekomplex in eine industrielle Kulturlandschaft überführt. [...].

In die restaurierten Hallen zogen Kunst und Design ein. PACT Zollverein, ein internationales Zentrum für Tanz und Performing Arts, nutzt jetzt die ehemalige Waschkaue von Schacht 1/2/8, das Design-Zentrum Nordrhein-Westfalen resi-

M 2: *Schwimmbad in der Kokerei Zollverein*

diert in dem von Norman Foster umgebauten Kesselhaus, die Ex-Lesebandhalle dient als Veranstaltungs-Location. Yuppies und Lohas dinieren bei Kerzenschein im Casino Zollverein, im Industrieambiente der früheren Kompressorenhalle. [...] Im Sommer planschen Kinder unter der Mischanlage im „Werksschwimmbad", einem Pool aus zwei aneinandergeschweißten Überseecontainern. Und im Winter ziehen Schlittschuhläufer vor der Kulisse der Koksöfen auf einer Eisbahn ihre Bahnen.

Diese besonders bedeutenden industriekulturellen Bauten und Flächen wurden in der Route der Industriekultur konzeptionell zusammengefasst und räumlich miteinander vernetzt (M3, M5). Die Route bringt auf einem etwa 400 km langen Rundkurs die industriekulturellen Sehenswürdigkeiten der Region zusammen. Hierzu zählen zum Beispiel auch sechs technik- und sozialgeschichtliche Museen oder zwölf bedeutende Zechen- und Werkssiedlungen.

Ein weiterer Parcours ist mit der Route der Landmarken entstanden, auf der besondere Bergehalden des Ruhrgebiets liegen. Diese sind nicht nur begrünte Hügel oder Aussichtspunkte (vgl. 6.3). Die Halden sind vielmehr auch zu besonderen Landmarken geworden. Beispielsweise entstand als Projekt der IBA Emscher Park bereits im Jahr 1991 in Bottrop auf einer 80 m hohen Halde der Tetraeder (M4).

Die neuen Nutzungen auf den alten Industriestandorten des Ruhrgebiets hatten sowohl nach innen als auch nach außen sehr positive Wirkungen. Für die Bewohner des Ruhrgebiets sind diese Flächen zu beliebten Erholungs- und Freizeiträumen geworden, die auch neue Identifikationen mit der Region ermöglichten. Und Besucher von außerhalb suchen die Industriekultur des Ruhrgebiets als Städtetouristen auf, sodass das Ruhrgebiet nach außen das Image einer einzigartigen Industriekultur-Region bekommen hat (vgl. 2.3.2). Somit konnte insgesamt die Standort- und Wohnqualität in der Region aufgewertet werden. Die allgemein positiven Reaktionen auf die Entwicklung der Altindustrieregion Ruhrgebiet haben dazu beigetragen, dass das Ruhrgebiet zur Kulturhauptstadt Europas für das Jahr 2010 ausgewählt wurde. Dies hatte wiederum positive Rückkoppelung auf die Region, die hiermit eine internationale Bestätigung für den eingeschlagenen Weg des Wandels bekam.

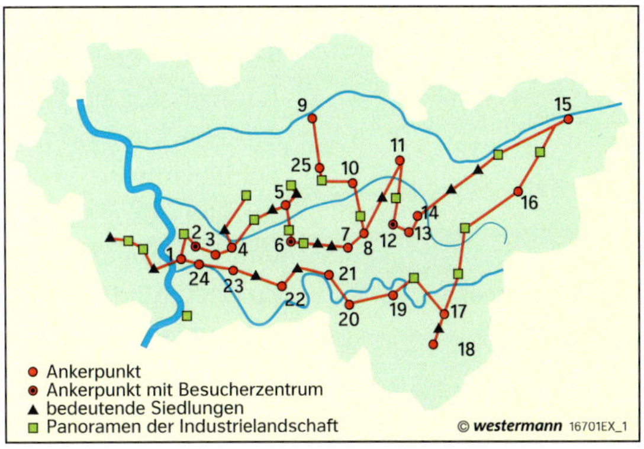

M3: *Route der Industriekultur*

M4: *Tetraeder in Bottrop*

Dem Besucher auf dem offenen Stahlgerüst bietet sich ein weiter Ausblick auf die Region. Nachts wird die Halde durch Lichtinszenierungen weithin sichtbar.

1	Museum der Deutschen Binnenschifffahrt, Duisburg	9	Chemiepark Marl	17	Hohenhof, Hagen
2	Landschaftspark Duisburg-Nord	10	Umspannwerk Recklinghausen	18	Freilichtmuseum Hagen
3	Rheinisches Industriemuseum Oberhausen	11	Schiffshebewerk Henrichenburg	19	Zeche Nachtigall, Witten
				20	Henrichshütte, Hattingen
4	Gasometer Oberhausen im CentrO	12	Zeche Zollern II / IV, Dortmund	21	Eisenbahnmuseum Bochum-Dahlhausen
5	Nordsternpark, Gelsenkirchen	13	Deutsche Arbeitsschutzausstellung, Dortmund	22	Villa Hügel, Essen
6	Welterbe Zeche Zollverein, Essen	14	Kokerei Hansa, Dortmund	23	Aquarius Wassermuseum, Mülheim /Ruhr
7	Jahrhunderthalle Bochum	15	Maximilianpark Hamm	24	Innenhafen Duisburg
8	Deutsches Bergbau-Museum, Bochum	16	Lindenbrauerei Unna	25	Zeche Ewald Herten

M5: *Ankerpunkte der Route der Industriekultur*

6.5

6.5.2 Route der Industrienatur

Auf den Industriebrachen des Ruhrgebiets hat sich in Anpassung an deren Standortbedingungen eine besondere Mischung von Pflanzen und Tieren angesiedelt. Die außergewöhnlichsten Naturstandorte auf Industriebrachen der Region stehen seit den 1990er-Jahren Besuchern offen und werden mit der Route der Industrienatur präsentiert.

Trotz der dichten Besiedlung des Ruhrgebiets blieb eine Vielzahl von naturgeprägten Freiräumen wie zum Beispiel Wälder oder Parkanlagen bestehen, da sie nicht von der Industrie beansprucht wurden. Mit der Schließung der großen Industrieareale und Zechen im Zuge des Strukturwandels kam auch dort die Natur sehr schnell zurück. Die Flächen wurden bei längerer Zeit des Brachliegens regelrecht von der Natur zurückerobert. Stadtökologen haben diese besondere Art der Natur dann auch als Industrienatur bezeichnet. Denn die Standorte sind dauerhaft durch die ehemalige industrielle Nutzung geprägt. Die Böden wurden sehr stark durch die Industrie verändert. Sie sind teilweise auch nach wie vor kontaminiert oder sie sind als so genannte Industrieböden vollständig unnatürlichen Ursprungs. Koks und Kohle, Bergematerial, Schlacke, Schlamm, Bauschutt und Schotter, aber ebenso auch Rückstände der Produktion, die heute als Altlasten angesehen werden, wurden während der industriellen Phase auf den Flächen abgelagert und besitzen sehr unterschiedliche Eigenschaften und sind für die aufkommende Industrienatur bedeutend. So zeichnen sich diese wenig genutzten industriell geprägten Brachflächen durch eine hohe Vielfalt an Standorten und Formen aus und sind prägend für die neue Industrienatur.

Basierend auf dieser strukturellen Vielfalt der Standorte sind Industriebrachen besonders artenreiche Lebensräume. Auf ihnen sind viele einheimische Pflanzen anzutreffen, die es auf anderen städtischen und ländlichen Flächen kaum noch gibt, da sie dort wegen der hohen Pflege- und Nutzungsintensität schon lange verdrängt wurden, oder die sich an diese spezifischen, unnatürlich entstandenen Standortbedingungen gut angepasst haben. Auch Arten, die nicht heimisch im Ruhrgebiet waren, sondern eingewandert sind (Neophyten), nutzen beispielsweise die hohen Bodentemperaturen der dunklen und sich somit schnell aufheizenden

M 1: *Staudenflur im Gleispark Frintrop, Essen*

M 2: *Landschaftspark Duisburg-Nord*

Industrieböden. Sie sind häufig mit den Zulieferungen der Industrie (z. B. Erzimporte aus Afrika) ins Ruhrgebiet eingeführt worden, wie zum Beispiel das südafrikanische Schmalblättrige Greiskraut.

Die vielfältigen Standorte der Industriebrachen werden auch von einer Vielzahl von Tieren besiedelt, sodass mit der Zeit auf den Industriebrachen neue Lebensgemeinschaften aus Tieren und Pflanzen entstanden sind, die im städtischen wie ländlichen Raum sonst nicht zu finden sind. So stellen Industriebrachen wertvolle Lebensräume für viele Vogelarten und Insekten, Fledermäuse, Amphibien und Reptilien (z. B. Kreuzkröte und Mauereidechse) dar.

Wenn sich die Natur auf Industriebrachen über mehrere Jahrzehnte ganz ohne Einfluss des Menschen entwickeln kann, wandelt sich die Industrienatur von einer dünnen Krautschicht über mehrere Sukzessionsstadien zu einem wilden Wald. Das Zulassen einer solchen Sukzession auf Industriebrachen kann durchaus den Zielen einer nachhaltigen Landschaftsentwicklung entsprechen, und zugleich die öffentlichen Haushalte durch niedrige Entwicklungs-und Pflegekosten entlasten.

Herausragende Besonderheit der Industrienatur im Ruhrgebiet ist also ihre Vielfalt. Während beispielsweise ein wilder Industriewald auf der bereits 1928 stillgelegten Zeche Rheinelbe in Gelsenkirchen entstanden ist, gibt es ebenso Flächen, auf denen verschiedene Entwicklungsstadien der facettenreichen Industrienatur nebeneinander existieren (z. B. der Gleispark Frintrop in Essen, M 1). Mit der Route der Industrienatur wird die gesamte Bandbreite der neuen Industrienatur erfasst und auf 19 spezifischen Standorten präsentiert (M 3, M 4). Die ehemals als Industrieflächen nicht frei zugänglichen Flächen sind seit den 1990er-Jahren für Besucher geöffnet und laden zu Naturbeobachtungen ein. Denn das Zusammenspiel von Industriekultur und Industrienatur hat eine besondere ästhetische Wirkung, da sich hier zwei spezifische Dimensionen überlagern oder als Kontrast gegenüber stehen. Damit wird auch das touristische Potenzial dieser ausgewählten Industriebrachen genutzt. Die Standorte der Route der Industrienatur sind über Fahrradwege in das städtische Umfeld eingebunden, sind gut erreichbar und werden durch Veröffentlichungen, ein Informationssystem sowie ein Besucherzentrum (Haus Ripshorst in Oberhausen) der Öffentlichkeit präsentiert.

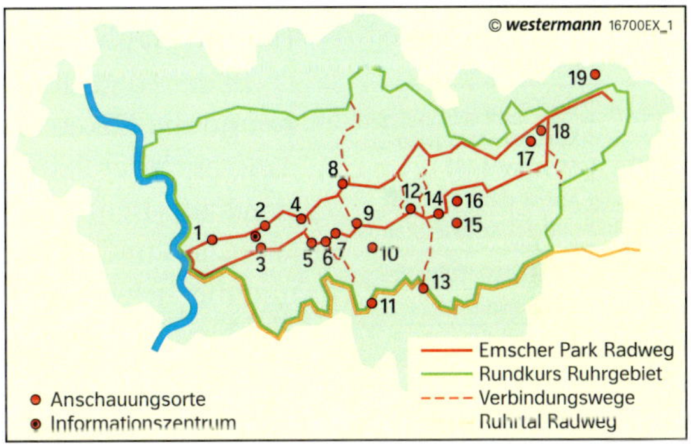

M 3: *Route der Industrienatur*

1	Landschaftspark Duisburg Nord	11	Heinrichshütte, Hattingen
2	Brache Vondern, Oberhausen	12	Halde Lothringen I/II, Bochum
3	Gleispark Frintrop, Essen	13	Zeche Nachtigall, Witten
4	Schurenbach-Halde, Essen	14	Halde Zollern, Dortmund
5	Welterbe Zollverein, Essen	15	Naturschutzgebiet Hallerey, Dortmund
6	Mechtenberg, Gelsenkirchen	16	Kokerei Hansa, Dortmund
7	Skulpturenwald Rheinelbe, Gelsenkirchen	17	Halde Großes Holz, Bergkamen
8	Landschaftspark Hoheward, Gelsenkirchen, Recklinghausen, Herten	18	Naturschutzgebiet Berversee, Bergkamen
9	Zeche Hannover, Bochum	19	Halde Sachsen, Hamm
10	Westpark, Bochum		

M 4: *Anschauungsorte der Route Industrienatur*

1. *Erläutern Sie den Begriff Industrienatur.*
2. *Bewerten Sie das touristische Potenzial der Route der Industrienatur.*

6.5.3 Landschaftspark Duisburg-Nord

Der Landschaftspark Duisburg-Nord ist wohl das bekannteste, vielfältigste und erfolgreichste Beispiel für die Nutzung von alten Industrieflächen im Ruhrgebiet. Er ist sowohl Ankerpunkt der Route der Industriekultur als auch Standort der Route der Industrienatur. Insgesamt erfüllt der Landschaftspark Duisburg-Nord die Funktionen eines Natur- und Freizeitparks sowie eines Lern- und Eventparks.

Umschlossen von mehreren Duisburger Stadtteilen liegt das circa 200 ha große Gelände des Landschaftsparks Duisburg-Nord. Der Landschaftspark setzt sich aus mehreren Bereichen zusammen (M 2). Im Zentrum liegt das Areal des 1985 stillgelegten Hochofenwerkes und Hüttenbetriebes Meiderich, im Westen liegen die brachliegende Fläche der bereits 1959 stillgelegten Zeche sowie die Fläche der 1977 stillgelegten Kokerei, die heute Standort eines Fachmarktzentrums ist. Im östlichen Teil des Landschaftsparks Duisburg-Nord befinden sich das Manganeisenlager sowie die auch heute noch landwirtschaftlich genutzten Parzellen des Ingenhammhofs. Bereits im Jahr 1900 begann die Industriegeschichte des Geländes (M 1). Denn für August Thyssen war dieses Gelände im Duisburger Norden ideal, da hier zugleich Kohle gefördert werden konnte und das Gelände an der „Cöln-Mindener-Eisenbahn" lag. So baute er hier einen Hüttenbetrieb auf, der als Zulieferbetrieb für die bereits im Ruhrgebiet bestehenden Thyssen-Stahlwerke und Gießereien Eisen produzierte.

In der Folge der Krisen der Montanindustrie wurden die Schachtanlage und die Kokerei schließlich geschlossen und abgerissen. 1985 wurde dann auch der Betrieb des Hüttenwerks beendet, doch dieses wurde nicht abgebaut. Denn die Kosten für den Abriss wurden auf etwa 70 Mio. DM kalkuliert und lagen damit über den geschätzten Ausgaben für den Erhalt und die Sicherung der Anlagen und Gebäude des Hüttenwerks. Nach einer Zeit der Unklarheit, in der sich auf dem großflächigen Areal bereits Industrienatur etabliert hatte, wurden die Flächen dieser großen Industriebrache im Jahr 1989 als Projekt zur Internationalen Bauausstellung (IBA) Emscher Park angemeldet (vgl. 6.5).

1899	Abteufung des Schachtes 4
1901	Baubeginn von drei Hochöfen
1905	Gründung der Kokerei „Friedrich Thyssen 4/8"
1911	Errichtung der Kraftzentrale für den Betrieb von fünf Hochöfen sowie einer Gießerei
1926	Förderaufnahme des Schachtes 8
1959	Stilllegung als erste Großschachtanlage in Folge der Bergbaukrise
1973	Bau des modernen Hochofens 5/ Grunderneuerung des Hüttenwerks
1977	Schließung der Kokerei „Friedrich Thyssen 4/8", Abriss der Koksöfen und der Koksseilbahn
1980	Modernisierung des Hüttenwerkes
1985	Beschluss zur Schließung des Hüttenwerkes vor dem Hintergrund der Stahlquotenbeschlüsse der EG

M 1: *Montanindustrielle Geschichte des Landschaftsparks*

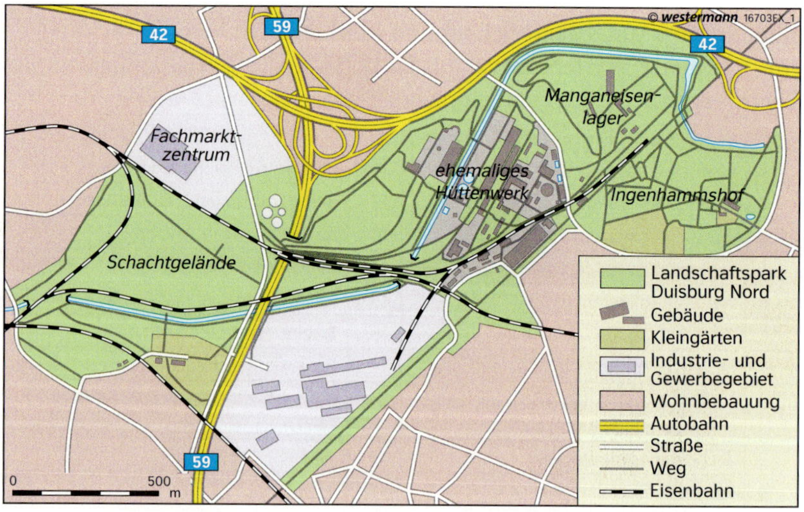

M 2: *Landschaftspark Duisburg-Nord*

M 3: *Nächtliche Lichtinstallation*

M 4: *Die Natur erobert die Industriebrache*

Die IBA verstand sich als „Werkstatt für die Zukunft alter Industriegebiete", und strebte an, die brachliegenden Industrieflächen des Meidericher Hüttenwerkes zu einem Park neuen Typs umzugestalten. Die Potenziale des Geländes und seiner Gebäude wurden mit einem Parkkonzept erfasst, das im Verlauf der IBA bis 1999 umgesetzt wurde. In dieser Zeit wurden die heute etablierten Besonderheiten des Parks durch entsprechende Umwidmungen etabliert. Aus den ehemaligen Materialbunkern des Hüttenbetriebs entstanden „Bunkergärten". Bahndämme und Gleiswege wurden zu Spazier- und Radwegen, der Gasometer wurde zum Tauchzentrum und der Hochofen 5 wurde zu einem Aussichtspunkt umgestaltet. Mit dieser Begehbarkeit und Nutzbarkeit der Anlagen und des gesamten Geländes ist im Landschaftspark Duisburg-Nord Industriegeschichte erlebbar gemacht worden. Dementsprechend ist der Park einer der Ankerpunkte der Europäischen Route der Industriekultur und für das Ruhrgebiet als Besucherzentrum der Route der Industriekultur ausgewiesen.

So wurde der neue Landschaftspark Duisburg-Nord zu einem der aufwändigsten, aber auch erfolgreichsten Projekte der IBA Emscher Park und ist heute nach dem Kölner Dom die zweithäufigst besuchte Sehenswürdigkeit Nordrhein-Westfalens, die jährlich mehr als eine Million Besucher erleben wollen. Sie sind an der Industriekultur interessiert, kommen als Naherholungssuchende oder nutzen die neuen Möglichkeiten für Freizeit- und Sportevents (M 5). Zudem werden in den alten Industriegebäuden und auf entsprechend ausgebauten offenen Plätzen zahlreiche große Kulturveranstaltungen durchgeführt. Hier sind stellvertretend die stets ausgebuchten sommerlichen Filmvorführungen in der als OpenAir-Kino umgebauten ehemaligen Gießhalle zu nennen oder die Konzerte und Events in den ehemaligen Industriegebäuden wie der Kraftzentrale und der Gebläsehalle, die zu Multifunktionshallen umgestaltet worden sind.

So ist der Landschaftspark inzwischen ein herausragender Standort für Freizeit und Events in Duisburg geworden, ohne allerdings zu einem kommerzialisierten Freizeitpark degeneriert zu sein. Denn zum einen werden ausschließlich für den Besuch von Veranstaltungen (Kino, Konzerte etc.) Eintritte erhoben, ansonsten ist die Nutzung des Geländes kostenlos. Zum anderen hat neben Events und Industriekultur auch die In-

M 5: *Die vielfältigen Freizeit- und Sportmöglichkeiten werden gut angenommen: das Tauchen in der neuen Unterwasserwelt des Gasometers, das Klettern an den Bunkeranlagen oder das Spazieren auf zu Freizeitwegen umgebauten ehemaligen Gleisstrecken wird vor allem bei gutem Wetter intensiv genutzt, ohne dass es auf dem riesigen Gelände zu Engpässen kommt.*

1. *Erklären Sie die Bezeichnung des Landschaftsparks Duisburg-Nord als Natur-, Lern- Freizeit- und Eventpark.*

dustrienatur auf dem Gelände des heutigen Landschaftsparks Duisburg-Nord, der ein wichtiger Standort der Route der Industrienatur ist (vgl. 6.5.2) eine große Bedeutung. Auf dem Gelände wachsen etwa 30 Prozent aller in Nordrhein-Westfalen wild wachsenden Pflanzenarten, womit die ökologische Bedeutung der Fläche dokumentiert wird. Doch nicht nur die große Artenvielfalt, sondern auch das Vorkommen seltener und gefährdeter Arten ist hervorzuheben. Begründet werden kann die ökologische Entwicklung auf dieser Industriebrache damit, dass sich Biotope zum einen auf dieser großen Fläche langfristig ungestört entwickeln können und dass zum anderen die Standorte aufgrund der sehr diversifizierten industriellen Nutzung dieses ehemaligen Verbundwerks (Kohlenförderung, Eisenproduktion, Lagerstätten, Transportwege etc.) für die Industrienatur sehr abwechslungsreich sind. Die ästhetische Vielfalt wird noch dadurch ergänzt, dass neben der Industrienatur und den Bauten der Industriekultur auch gestaltete Gärten und Grünanlagen in den Landschaftspark Duisburg-Nord integriert wurden.

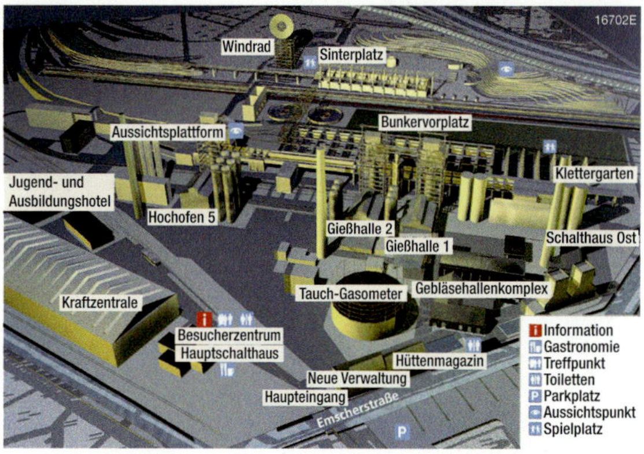

M 1: *Ehemaliges Hüttengelände*

So ist der sich seit 1989 entwickelnde Landschaftspark Duisburg-Nord ein Natur-, Industrie- und Freizeitpark mit einer außerordentlich hohen Dynamik geworden, der einerseits zur Revitalisierung des Raums beigetragen hat und andererseits neue, vielfältige Möglichkeiten für die Stadtbevölkerung geschaffen hat. Diese Besonderheiten als von Industriekultur und Industrienatur geprägter Freizeitpark wurden in einer Rangliste der britischen Zeitung „The Guardian“ lobend hervorgehoben, sodass hier der Landschaftspark Duisburg-Nord im Jahr 2015 zu einer der zehn schönsten Grünanlagen der Welt gezählt wird.

Ehem. Arbeiter des Hüttenwerks-Meiderich

„Es gibt ja den Spruch von dem Gerd, ein Kollege aus der Gießerei, der eigentlich den Umschwung markiert hat mit dem Satz: „Die Ägypter haben ihre Pyramiden und wir haben eben unsere Hochöfen und wir zeigen eben der Nachwelt, wie wir gearbeitet und gelebt haben, sonst kannst du deinen Enkeln das nicht zeigen.“

Jörg Dettmar, *ehem. Bereichsleiter Emscher Landschaftspark (IBA)*

„Ich glaube es ist wirklich ein schöner, einzigartiger und wichtiger Park entstanden. […] Hier wurde erstmals in einer wirklich gigantischen Dimension Industriekultur und Industrienatur als wichtigstes Element der Gestaltung zusammengeführt. […] Ich sehe ein großes Experimentierfeld im Umgang sowohl mit der Vegetation als auch mit den Industrieanlagen.“

Anwohner aus Duisburg-Meiderich

„Beeindruckend ist, auch wenn es jetzt irgendwie blöd klingen mag, dass die Natur sich das Gelände zurückholt, wo sie früher schon einmal war. Dieses Bild, dass diese Hochöfen jetzt still stehen und die Blumen und so, die ranken sich jetzt langsam wieder da hoch.“

Anwohner aus Duisburg-Meiderich

„So wie sich der Landschaftspark entwickelt hat, find ich das auch eine echte Alternative für alle Leute, hier Freizeit zu gestalten. Eine Alternative zu den herkömmlichen Stadtparks oder Ähnlichem, die ja im Vergleich zu so einer Geschichte auch langweilig sind.“

7 Auf dem Weg zur Metropole Ruhr

Das Ruhrgebiet zählt zu den größten städtischen Verdichtungsräumen in Europa und hat eine hohe nationale und internationale Bedeutung. Einem einheitlichen Auftreten und einer noch stärkeren Vernetzung der Metropole Ruhr stand lange Zeit jedoch die Polyzentralität des Ruhrgebiets im Wege. Die Rivalität der Städte, eine fehlende gemeinsame Verwaltungsstruktur und ein nur schwaches Interesse der Bevölkerung haben ein Zusammenwachsen der Metropolregion bislang verhindert. Wenn das Ruhrgebiet aber seine wirtschaftlichen, sozialen und demographischen Probleme in den Griff bekommen will, sind eine stärkere Kooperation und ein Ausbau der vorhandenen Stärken unabdingbar.

7.1 Metropolregionen in Deutschland und Europa

Metropolregionen sind Impulsgeber für die ökonomische, politische, soziale und kulturelle Entwicklung von Regionen und werden deshalb in Deutschland und Europa gezielt weiter entwickelt. Auf den global ausgerichteten Märkten kooperieren und konkurrieren sie zugleich miteinander.

Metropolregion

„Der Begriff der Metropolregion ist sowohl eine funktionale als auch eine räumliche Kategorie. Im funktionalen Sinne ist eine Metropolregion eine Verflechtung von metropolitanen Einrichtungen, die großräumig wirksame Steuerungs-, Innovations- und Dienstleistungsfunktionen ausüben. Im räumlichen Sinne besteht eine Metropolregion aus einer oder mehreren nahe beieinander gelegenen großen Städten einschließlich ihrer Umlandräume, soweit diese eine vergleichbare Standortqualität besitzen."

Handwörterbuch der Raumordnung (2005)

Eigentlich war das europäische Städtesystem seit jeher durch bedeutende Metropolen wie London, Paris oder Berlin geprägt. In den 1990er-Jahren kam in der wissenschaftlichen und politischen Diskussion um die räumliche Ordnung Europas ein neuer Begriff auf: Metropolregion. Diese Wortzusammensetzung aus Metropole und Region wurde gewählt, um damit leistungsstarke, flächenhaft ausgedehnte Räume zu erfassen und deren Bedeutung herauszustellen. Dabei können zwei Typen von Metropolregionen unterschieden werden: Zum einen polyzentrische Metropolregionen, die aus einer Gruppe mehr oder weniger gleichwertiger Kernstädte bestehen sowie deren suburbanen und zwischenstädtischen Räumen (z.B. Metropolregion Rhein-Ruhr), zum anderen monozentrische Metropolregionen, die aus einer großen Kernstadt und deren Umland bestehen (z.B. Berlin, München; M 1).

Der Bedeutungsgewinn der Metropolregionen ist in engem Zusammenhang mit wirtschaftlichen und politischen Entwicklungen zu sehen, die durch die Globalisierung bedingt sind: Globalisierung bedeutet, dass das System einzelner Volkswirtschaften immer mehr zu einer gemeinsamen Weltwirtschaft umgewandelt wurde. Die traditionelle Steuerungsform der Nationalstaaten vermag diesen weltwirtschaftlichen und -politischen Herausforderungen nicht mehr gerecht zu werden. Insofern werden supranationale Einheiten immer bedeutender, was in Europa am Bedeutungsgewinn der EU sehr deutlich nachzuvollziehen ist.

In einem verschärften globalen Standortwettbewerb sind einzelne Städte zu klein und unbedeutend, um weltweit konkurrieren zu können. Hier gewinnen Regionen an Bedeutung. Als Metropolregionen können sie zu Knotenpunkten der Weltwirtschaft werden, in denen die Ver-

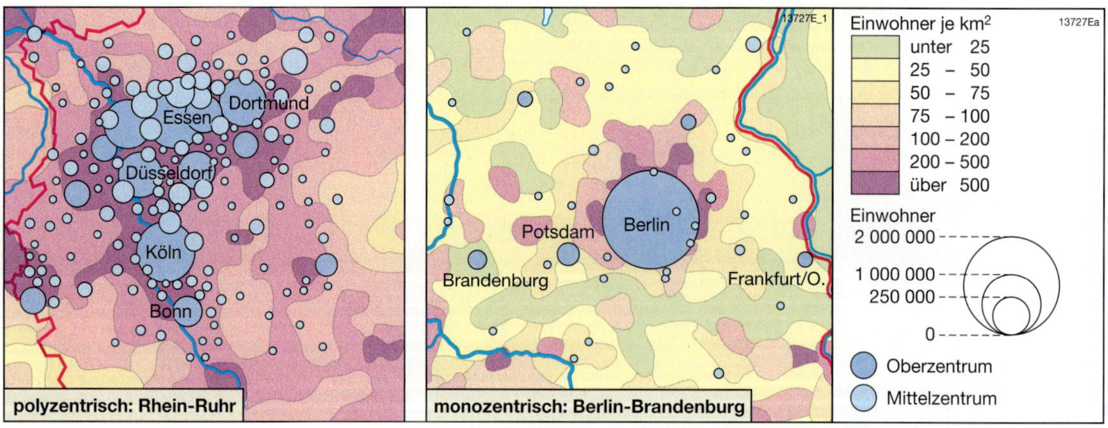

M 1: *Poly- und monozentrische Metropolregionen*

M 2: Europäische Metropolregionen in Deutschland

flechtungen der globalisierten Netzwerk-Ökonomie zusammenlaufen: die Güterströme, die Kapitalströme, die Informationsströme und nicht zuletzt die Personenströme. Diesen weltweit bedeutenden Steuerungs- und Dienstleistungszentren werden daher folgende übergeordnete Funktionen zugeschrieben, die nicht unabhängig voneinander sind, sondern sich gegenseitig bedingen und verstärken:

- Entscheidungs- und Kontrollfunktion: öffentliche wie private Institutionen haben in Metropolregionen ihre Standorte (z.B. Hauptsitze wichtiger Unternehmen).
- Innovations- und Wettbewerbsfunktion: Entwicklung von Wissen, Einstellungen und Produkten (z. B. an Universitätsstandorten).
- Gateway-Funktion: Zugang zu Menschen, Wissen und Märkten (z.B. über wichtige Verkehrsknoten sowie Medien- und Messestandorte).

Metropolregionen gelten als „Motoren der gesellschaftlichen, wirtschaftlichen, sozialen und kulturellen Entwicklung", wie es die Ministerkonferenz für Raumordnung (MKRO) beschrieb. Die deutsche und die europäische Raumordnungspolitik griffen daher das Konzept auf, weil sie in den Metropolregionen einen wesentlichen Impulsgeber für die gesamte Wirtschaft sehen, die die Leistungs- und Konkurrenzfähigkeit Deutschlands beziehungsweise Europas stärken. Auf deutscher und europäischer Ebene entstanden so Pläne, die Metropolregionen gezielt zu fördern. So etablierte die MKRO im Jahr 1995 ein Konzept zur weiteren Stärkung der deutschen Metropolregionen. Es sind elf Europäische Metropolregionen (EMR) in Deutschland ausgewiesen (M2), die sich im Hinblick auf den internationalen Wettbewerb positionieren und die als Knotenpunkte des europäischen und globalen Städtenetzwerks fungieren sollen. Wäh-

1. *Erstellen Sie mit Hilfe der im Text genannten Funktionen von Metropolregionen und des Atlasses ein Ranking der deutschen Metropolregionen.*
2. *Analysieren Sie die Stellung des Ruhrgebiets innerhalb der Metropolregionen in Deutschland.*
3. *Erörtern Sie mögliche Vor- und Nachteile von poly- und monozentrischen Metropolregionen.*

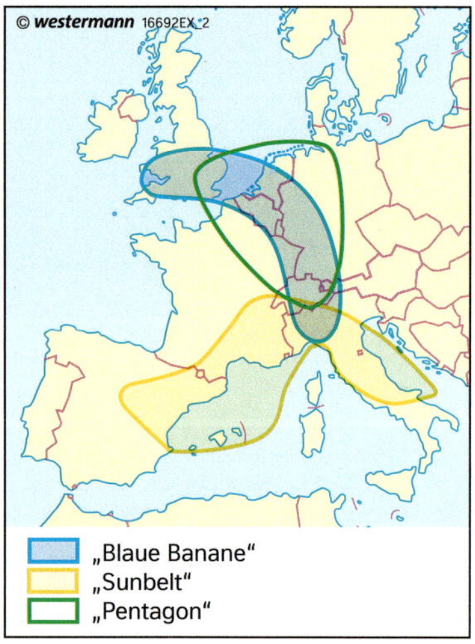

M 1: *Strategische Bilder für Europäische Wirtschaftsräume*

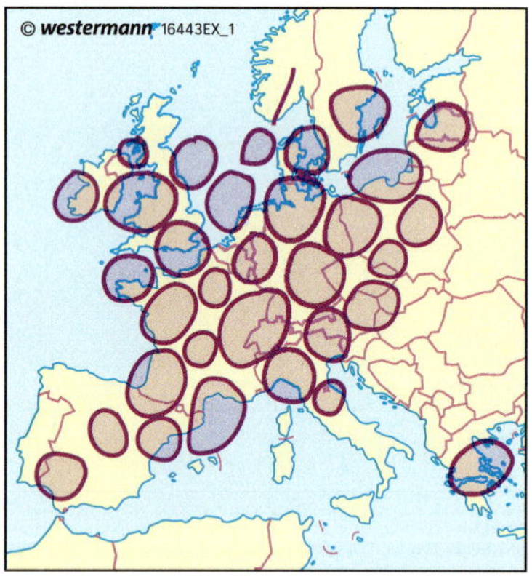

M 2: *Europäische Traube*

rend einige deutsche Metropolregionen wie Berlin oder München durchaus den Charakter einer Metropole haben, wirken Metropolregionen wie die EMR Bremen-Oldenburg als Wirtschaftsraum eher künstlich entworfen („gemachte Räume"). Dies dokumentiert, dass mit der Ausweisung von Räumen als EMR angestrebt wird, offene Entwicklungsprozesse anzuregen bzw. zu unterstützen. Diese neuen Raumkategorien werden aber nicht durch von oben vorgegebene Institutionalisierungen und Förderungen begleitet. Es wurden also zum Beispiel für die EMR Rhein-Ruhr keine neuen Verwaltungsstrukturen vorgegeben (und haben sich bislang auch nicht aus der Region heraus entwickelt).

Den Maßgaben der Globalisierung folgend begannen Wissenschaft und Politik bereits in den 1980er-Jahren eine europäische Raumordnung zu etablieren, mit dem Ziel der Weiterentwicklung von Metropolregionen. Raumbilder sollten helfen, die Bedeutung und Vernetzung von europäischen Metropolregionen herauszustellen. Bekanntes Beispiel ist die „Blaue Banane" (M 1) des französischen Geographen Roger Brunet aus dem Jahr 1989. Mit diesem Raumbild wurden die wirtschaftlichen Kerngebiete Europas von London über die Randstad Holland (Amsterdam, Den Haag, Rotterdam, Utrecht), Brüssel, Rhein-Ruhr, Rhein-Main, Rhein-Neckar bis nach Oberitalien erfasst und die grenzüberschreitende Zusammenarbeit im Sinne einer europäischen Integration eingefordert. Danach folgten weitere Raumbilder wie das „Europäische Pentagon", mit dem die blaue Banane um die Metropolregionen Paris, Hamburg und München erweitert wurde oder auch der „Europäische Sunbelt" im nördlichen Mittelmeerraum. Neben diesen Raumbildern zu den klassischen europäischen Metropolen entstand seit der mehrmaligen Erweiterung der EU schließlich das Bild der „Europäischen Traube", mit dem auch die sich mit großen Wachstumsraten entwickelnden süd- und osteuropäischen Regionen integriert wurden. Dieses Raumbild steht

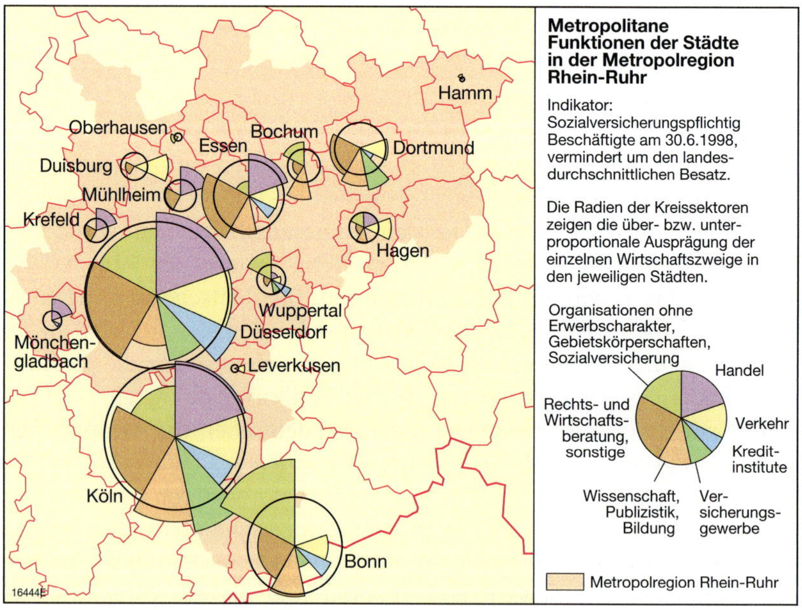

M 3: *Metropolitane Funktionen der Städte der EMR Rhein Ruhr*

Raumordnung

Raumordnung als staatliche oder regionale Aufgabe ist derjenige Teil der Raumplanung, in dem überörtliche und fachübergreifende Entwicklungsvorstellungen formuliert und durch Programme, Pläne, Handlungskonzepte und Maßnahmen umgesetzt werden. Dies geschieht auf mehreren Maßstabsebenen: Europa (z. B. Europäisches Raumentwicklungskonzept), Bund (z. B. Raumordnungsgesetz des Bundes), Länder (z. B. Landesentwicklungsplan) und Regionen (z. B. Regionalplan).

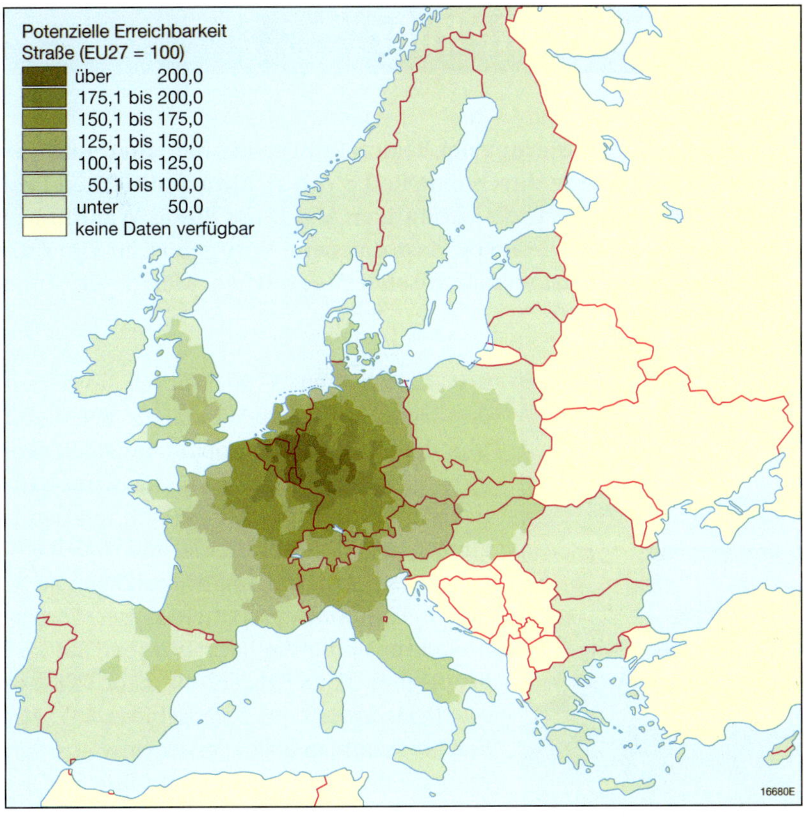

M 4: *Potenzielle Erreichbarkeit: Straße (2006)*

Erreichbarkeit

Erreichbarkeit ist ein Maß für den Nutzen, den Einwohner oder Betriebe aufgrund der Verbindungsqualität eines Ortes theoretisch erzielen können. Sie kann mittels einfacher Indikatoren (z. B. Verkehrsinfrastrukturausstattung wie Länge der Autobahnen) angegeben werden, die aber keine Aussagen über die Verbindungsqualität zu anderen Orten vermitteln. Der hier verwendete Indikatortyp „Potenzielle Erreichbarkeit" basiert auf der Annahme, dass die Attraktivität von Gelegenheiten mit deren Größe steigt, aber mit wachsendem Reiseaufwand sinkt. Das Erreichbarkeitspotenzial eines Ortes wird so aus der Summe aller über den Reiseaufwand gewichteten Zielaktivitäten (z. B. Bevölkerung oder Unternehmen) berechnet.

für ein Europa aller Regionen, bezieht also auch die dezentralen, kleineren Entwicklungsräume ein.

Diese Raumbilder waren letztlich prägend für die Europäische Vernetzung und Integration im Sinne eines „Europas der Regionen". Die Europäische Union verfolgt also nicht nur die Förderung der starken Metropolregionen, sondern auch eine Unterstützung der belasteten Regionen. So wurde der Strukturwandel der Montanindustrieregion Ruhrgebiet von der EU finanziell unterstützt (M 5). Das Ruhrgebiet bzw. die Metropole Ruhr, wie die Region in Politik, Wirtschaft und Wissenschaft zunehmend angesprochen wird, wurde aber nicht nur als belastete Region bewertet. Im Konzept der europäischen Metropolregionen wird sie als ein Bestandteil der Europäischen Metropolregion Rhein-Ruhr (EMR Rhein-Ruhr) im Verbund mit dem Rheinland angesehen. Mit diesem strategischen Raumbild werden elf Millionen Einwohner in den Städten und Kreisen zwischen Hamm im Nordosten und Bonn im Süden als ein Agglomerationsraum erfasst. Dabei wird deutlich, dass sich die metropolitanen Funktionen innerhalb der polyzentrischen EMR Rhein-Ruhr in einer arbeitsteiligen Struktur etabliert haben (M 3):

- Köln ist herausragender Messe-, Versicherungs- und Medienstandort,
- Düsseldorf ist Finanz- und Verwaltungsstandort und erfüllt die Gatewayfunktion,
- Essen und Mülheim an der Ruhr sind wichtige Standorte der Energie- und Handelsbranche,
- Duisburg ist Logistikknotenpunkt und
- Dortmund ein bedeutendes IT-Cluster.

Ziel	**Regionale Wettbewerbsfähigkeit und Beschäftigung**
für Regionen in NRW verfügbare EU-Mittel (2007–2013)	684 000 000 € (aus dem Europäischen Sozialfonds, ESF) 1 283 000 000 € (aus dem Europäischen Fonds für Regionale Entwicklung, EFRE)
Summe	**1 967 000 000 €**

M 5: *Förderung von Nordrhein-Westfalen durch die EU-Regionalpolitik*

1. *Erläutern Sie die Einbindung des Ruhrgebiets in die strategischen Raumbilder (M 1, M 2).*
2. *Vergleichen Sie die metropolitanen Funktionen der Städte innerhalb der EMR Rhein-Ruhr.*

7.2 Gestaltung einer Metropole Ruhr

Die neue Konstituierung der Region Ruhrgebiet hat Jahrzehnte gedauert und wurde durch eine Reihe von strukturpolitischen Programmen gesteuert. Als vorläufiger Abschluss dieses Wandlungsprozesses wird angestrebt, dass das neue Ruhrgebiet zu einer diversifizierten, sozio-ökonomisch erfolgreichen Metropole Ruhr zusammenwächst.

M 1: *Standort Universität Dortmund (1965, 1980, 2007)*

In Dortmund entstand 1968 auf den Feldern der Vororte Eichlinghofen und Barop die Universität Dortmund. Im Jahr 1985 wurde dann das angrenzende Technologie-Zentrum gegründet, das später durch den Technologiepark erweitert wurde.

Seit den späten 1960er-Jahren förderten das Land Nordrhein-Westfalen, der Bund und dann auch die Europäische Union Programme für den Aufbau neuer wirtschaftlicher Strukturen im Ruhrgebiet, um damit zunächst vor allem die massiven sozialen Folgen des Strukturwandels aufzufangen (M2). Einige Hinterlassenschaften dieser Förderprogramme sind die Basis für neue Stärken der Region, zum Beispiel die neue Wissenschaftslandschaft im Ruhrgebiet (M1). Mit den Programmen gelang es schrittweise, den industriellen Ballungsraum Ruhrgebiet zu einem bedeutenden Dienstleistungsstandort zu wandeln, der zunehmend auch im globalen Wettbewerb die metropolitanen Funktionen erfüllt:

- Das „Entwicklungsprogramm Ruhr" (EPR) verfolgte das Ziel der Re-Industrialisierung, zum Beispiel durch Ansiedlung des Opel-Produktionsstandorts in Bochum. Parallel dazu begann man neue Hochschulen zu gründen (z. B. Ruhr-Universität Bochum, 1965; Universität Dortmund, 1968);
- Das „Aktionsprogramm Ruhr" (APR) verfolgte das Ziel der „Neo-Industrialisierung" (z. B. 1985 Gründung Technologiezentrum Dortmund);
- Die „Zukunftsinitiative Montanregionen" (ZIM) setzte diese angestoßenen Prozesse konsequent fort (z. B. ab 1989 Gründung Technologiepark Duisburg-Neudorf).

Im Jahr 1989 wurde von der Landesregierung für den Bereich der Emscherzone innerhalb des Ruhrgebiets die Internationale Bauausstellung Emscher Park (IBA Emscher Park) gegründet und verpflichtete damit die Städte der Emscherzone zur Zusammenarbeit (vgl. 6.5). Danach rief die Landesregierung als weitere strukturpolitische Maßnahme für die Region Ruhrgebiet die „Projekt Ruhr GmbH" ins Leben (2000 – 2006). Hiermit wurde angestrebt, die vorhandenen Stärken der Region weiter zu fördern, indem ein Clusteransatz verfolgt wurde.

Als weitere strukturpolitische Strategie ist seit den 2000er-Jahren zu erkennen, dass sich die Städte und Kreise der Region um regionale Kooperationen innerhalb der Metropole Ruhr bemühen, um damit mehr Möglichkeiten bei der Bewältigung der Folgen des Strukturwandels zu haben. So erarbeiteten die Städte Duisburg, Oberhausen, Mülheim an der

1. *Recherchieren Sie die Entwicklung des RVR und seiner Vorgängerorganisationen (www.rvr-online.de).*
2. *Ermitteln Sie in einer eigenen Recherche die gesetzlichen Grundlagen der Raumordnung und Landesplanung in Deutschland.*
3. *Erörtern Sie die das Ruhrgebiet betreffenden raumordnerischen Konzepte und deren Wirksamkeit.*

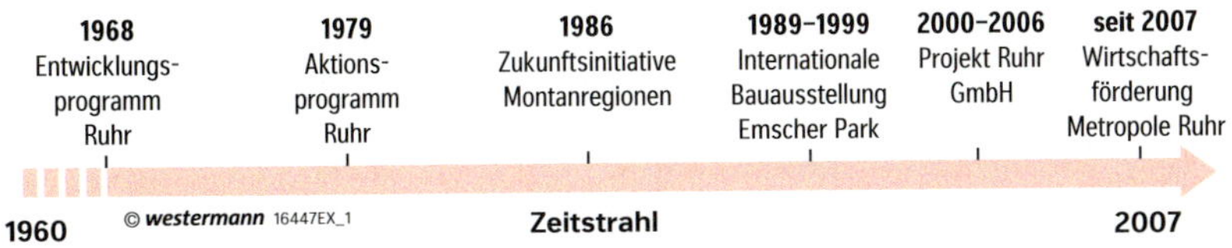

M 2: Regionale Strukturpolitik für das Ruhrgebiet

Ruhr, Essen, Gelsenkirchen, Herne, Bochum und Dortmund im Rahmen des Projekts „Städteregion Ruhr 2030“ Arbeitsfelder zukünftiger Kooperationen. Und auf internationalen Immobilienmessen präsentieren sich die Städte der Region gemeinsam als Metropole Ruhr und nicht mehr als einzelne Städte oder Kreise. Im Jahr 2010 war die Region dann unter der Bezeichnung ‚Metropole Ruhr‘ Kulturhauptstadt Europas. Die Städte und Gemeinden des Ruhrgebiets hatten sich gemeinsam darum beworben. Diese ein Jahr andauernde Großveranstaltung hat sicherlich dazu beigetragen, die Region zu vernetzen und die Metropole Ruhr als neue Kulturmetropole in Europa bekannt zu machen.

Die gemeinsamen Bemühungen der Region und ihr Auftritt als Metropole Ruhr werden vor allem vom Regionalverband Ruhr (RVR) gefördert und getragen. Seit dem Jahr 2009 ist der RVR als Regionalplanungsbehörde wieder für die Regionalplanung der Metropole Ruhr zuständig und für die Aufgabe der regionalen Wirtschaftsförderung gründete der RVR bereits im Jahr 2007 die Wirtschaftsförderung Metropole Ruhr (WMR). RVR, WMR sowie der Initiativkreis Ruhr, eine von großen Unternehmen der Region getragene Institution, streben an, mit neuen Strategien eine gemeinsam getragene nachhaltige Stadt- und Regionalentwicklung in der Region zu etablieren, die zukunftsfähig ist für Institutionen, Bewohner und Unternehmen. Allerdings stellt sich diese koordinierte regionale Zusammenarbeit in einer so großen und diversifizierten Region als schwierig dar und so kann über die Zukunft der Region trefflich spekuliert werden. Abschließend sollen hierzu einige Einschätzungen von Entscheidungsträgern zitiert werden:

Von der Projekt Ruhr GmbH benannte Kompetenzfelder der Ruhrgebietswirtschaft:

- *Energie und neue Energietechniken*
- *IT*
- *Logistik*
- *Neue Chemie*
- *Medizintechnik und Gesundheitswirtschaft*
- *Mikrostrukturtechnik und Mikroelektronik*
- *Neue Werkstoffe einschl. Stahlindustrie*
- *Wasser- und Abwassertechnik*
- *Bergbautechnik*
- *Maschinenbau*
- *Design*
- *Tourismus und Freizeit*

„Die Metropolregion Ruhr muss sich jetzt zusammenraufen, darf sich nicht weiter auseinanderdividieren. In den nächsten zehn Jahren entscheidet sich, welche zwei Dutzend Metropolregionen in der Welt eine Rolle spielen. In Deutschland komme dafür nur das Ruhrgebiet in Frage. Wenn wir nicht auf diese Karte setzen, haben wir die Zukunft verspielt.“

Norbert Lammert, *Chef der CDU im Ruhrgebiet und Bundestagsvizepräsident) zur Zukunft des Ruhrgebiets, 19.12.2007*

„Das Ruhrgebiet wächst zusammen, will aber nicht erwachsen werden. Es ist im Zustand der Pubertät geblieben weil es die Chancen, sich selbst durch Zusammenarbeit nach vorne zu bringen, nicht nutzt. Seit 30 Jahren arbeitet sich die Region an zwei Fragen ab: Woher bekommen wir zusätzliches Geld? Und wie bekommen wir ein besseres Image?“

Norbert Lammert, *23.10.2015*

„Wir sind nicht mit Berlin, Hamburg oder München vergleichbar. Die Zusammenarbeit zwischen den 53 Städten im Revier funktioniert besser als früher. Hauptprobleme sind die Langzeitarbeitslosigkeit, die hohen Sozialkosten, die Verschuldung. Wichtig wäre es, mehr in die Bildung zu investieren.“

Karola Geiß-Netthöfel (SPD), *Direktorin des Regionalverbands Ruhr, 23.10.2015*

„Wissenschaft und Wirtschaft müssen noch viel besser und enger zusammenarbeiten. Wir haben bestens qualifizierte junge Menschen hier. Die Universitäten der Region haben kein Image-Problem.“

Elmar Weiler, *ehemaliger Rektor der Ruhr-Universität Bochum, 23.10.2015*

Anhang

Ausgewählte Literatur

Blotevogel, H.H.: Ein kritischer Blick auf Rhein-Ruhr: Außenwahrnehmung und Selbstbildnis. In: Metropolregion Rhein-Ruhr – ein Kunstprodukt. Bonn: BBR. S. 21–27. = Forum Bau und Raum 3 2008

Boldt, K.-W.; Gelhar, M.: Das Ruhrgebiet. Landschaft, Industrie, Kultur. Darmstadt: Wissenschaftliche Buchgesellschaft 2008

Bronny, M., Jansen, N., Wetterau, B.: Das Ruhrgebiet. Landeskundliche Betrachtung des Strukturwandels einer europäischen Region. Essen: Kommunalverband Ruhrgebiet 2002

Buch, C., Keil, P.: Industrienatur – Arbeitsmaterialien für Unterricht und Umweltbildung auf Industriebrachen im Ruhrgebiet. Oberhausen: Biologische Station westliches Ruhrgebiet 2013

Butzin, B., Franz, M., Noll, H.P.: Strukturwandel im Ruhrgebiet unter Schrumpfungsbedingungen. In: Zeitschrift für Wirtschaftsgeographie 3–4/2006, S. 258–276

Butzin, B., Pahs, R., Prey, G.: Regionalkundliches Informationssystem Ruhrgebiet. www.ruhrgebiet-regionalkunde.de

Ehses, B.: Das Ruhrgebiet – Zahlen, Daten, Fakten. Essen: Regionalverband Ruhrgebiet, überarbeitete Neuauflage 2005

De Witt, R.; Thies, U.: RuhrTour 2008. Essen: Regionalverband Ruhrgebiet 2007

Habrich, W.; Hoppe, W. (Hrsg.): Strukturwandel im Ruhrgebiet – Perspektiven und Prozesse. Duisburger Geographische Arbeiten 23, Dortmund: Dortmunder Vertrieb für Bau- und Planungsliteratur 2001

Hoppe, W.; List, A. (Hrsg.): Ruhrgebiet – Strukturwandel und Flächenumwidmung. Begleitheft zum Diercke-GIS-Datenbaustein Ruhrgebiet. Braunschweig : Westermann 2002

Junkernheinrich, M.: Kommunalfinanzierungsbericht Ruhrgebiet 2004. Nichts geht mehr – aber wie lange noch? Essen: Regionalverband Ruhr 2005

Keil, A.: Industriebrachen – innerstädtische Freiräume für die Bevölkerung; mikrogeographische Studien zur Ermittlung der Nutzung und Wahrnehmung der neuen Industrienatur in der Emscherregion. Duisburger Geographische Arbeiten 24, Dortmund: Dortmunder Vertrieb für Bau- und Planungsliteratur 2002

Lehner, F.: Die Gestaltung des Wandels – Regionalwirtschaft und Demographie im Ruhrgebiet. In: Zeitschrift für Wirtschaftsgeographie 3–4/2006, S. 206–216

Makowka, K.: Seniorenwirtschaft in der Emscher-Lippe-Region – Potentiale für eine regionale Entwicklung? Stadt- und Regionalforschung Bd. 3, Münster: Lit 2007

Meyer, D.E.: Geofaktor Mensch. Eingriffe durch Geopotenzialnutzung. Essener Unikate 9/2002, S. 9–25

Prossek, A. et al.: Atlas der Metropole Ruhr: Vielfalt und Wandel des Ruhrgebiets im kartenbild. Köln: Emons 2009

Rehfeld, D.: Kompetenzfeldwirtschaft im Ruhrgebiet. In : Zeitschrift für Wirtschaftsgeographie 3–4/2006, S. 245–257

Reicher, C. et al. (Hrsg.): Schichten einer Region. Kartenstücke zur räumlichen Struktur des Ruhrgebiets. Berlin: jovis 2011

Schulte-Derne, F., Ledune, P.: Dortmund-Hörde zwischen Hightech, Tradition und PhoenixSee. Strukturwandel im östlichen Ruhrgebiet. In: geographie heute 257, 2008, S. 36–41

Wehling, H.W. : Die industrielle Kulturlandschaft des Ruhrgebiets. In: Essener Unikate 19/2002 S. 111–119

Wehling, H.W.: Kleiner Atlas Metropole Ruhr. Das Ruhrgebiet im Wandel. Essen: Regionalverband Ruhr; unveränderter Nachdruck in Praxis Geographie 9/2009

Welter, F., Bergmann H.: Gründungsforschung im und über das Ruhrgebiet. In: Zeitschrift für Wirtschaftsgeographie 3–4/2006, S. 192–205

Regionalverband Ruhr (diverse Jahrgänge/Hefte): Schulbuchinformationsdienst Ruhrgebiet

Internet-Links Ruhrgebiet

Regionalkunde Ruhrgebiet
www.ruhrgebiet-regionalkunde.de

Informationsportal Metropole Ruhr
www.metropoleruhr.de

Regionalverband Ruhr
www.metropoleruhr.de/regionalverband-ruhr.html

Landschaftsverband Westfalen-Lippe
www.lwl.org

Landschaftsverband Rheinland
www.lvr.de

Information und Technik Nordrhein-Westfalen (Statistiken)
www.it.nrw.de

Wirtschaftsförderung der Metropole Ruhr
www.business.metropoleruhr.de

Initiativkreis Ruhr
www.i-r.de

Zukunftsstrategie der Städte und Kreise der Metropole Ruhr
www.konzept-ruhr.de

Ruhr Tourismus
www.ruhr-tourismus.de

Route der Industriekultur
www.route-industriekultur.de

Internationale Bauausstellung Emscher Park
www.iba.nrw.de

Stiftung Industriedenkmalpflege und Geschichtskultur
www.industriedenkmal-stiftung.de

Emscher Genossenschaft
www.eglv.de“

Regionalzeitungen des Ruhrgebiets (WAZ-Verlag)
www.derwesten.de

Duisburger Hafen
www.duisport.de

Register

fett – definierender oder erläuternder Text in Marginalspalte

Quellentextverzeichnis

15 M 3 Hans-Werner Wehling: Die industrielle Kulturlandschaft des Ruhrgebiets. Essener Unikate 19/2009, S. 113–114

16 M 1 Horst M. Bronny, Norbert Jansen, Burkhard Wetterau: Das Ruhrgebiet. Essen: Kommunalverband Ruhrgebiet, 2001, S. 40

20 M 1 Chronik Ruhrgebiet. Gütersloh: Chronik Verlag, 1997, S. 177, 257, 291

25 Bochum, Text: Herbert Grönemeyer, 1984 Grönland Musikverlag, Berlin

25 MSV-Hymne,Text: Christian Ledwig, Hannes Schöner, Vogelsang Musikverlag GmbH, Köln

26 Sebastian Kisters: „Ruhrpott, Ruhrpott" Wie die Europapokaltriumphe von Schalke 04 und Borussia Dortmund Image und Identität des Ruhrgebiets veränderten. Materialien zur Raumordnung., Bd. 56. Bochum 2000, S. 1

26 M 2 Hans-Heinrich Blotevogel: Ist das Ruhrgebiet eine Region? Vorbemerkungen zu einer aktuellen Debatte. In: Klaus Heienbrock und Harry W. Jablonowski (Hg.): Blick zurück nach vorn! Standpunkte, Analysen, Konzepte zur Zukunftsgestaltung des Ruhrgebiets. Bochum: SWI-Verlag 2000, S. 33

29 Wirtschaftswoche Nr. 34, 1989, S. 40

41 M 4 Christian Krajewski, Paul Reuber, Günter Wolkersdorfer: Das Ruhrgebiet als postmoderner Freizeitraum. Geographische Rundschau 1/2006, S.26–27

51 M 3 Radschnellweg Ruhr – der schnellste Weg am Stau vorbei. Metropole Ruhr www.rs1.ruhr/

68 M 1 Reiner Burger: Merkel und die Leiden von Marxloh. Frankfurter Allgemeine Zeitung 25.8.2015

69 M 4 Günter Bell: Benachteiligte Bevölkerungsgruppen in „sozialen Brennpunkten". Eine Untersuchung zweier Stadtteile in Nordrhein-Westfalen. In: Duisburger Beiträge zur Soziologischen Forschung 4/2004, S. 17

71 M 4 Carolin Jenkner: Warum das Wunder in Marxloh funktioniert. Spiegel 26.10.2008

73 M 4 Katja Makowka.: Seniorenwirtschaft in der Emscher-Lippe-Region – Potentiale für eine regionale Entwicklung? Berlin/Münster: LIT-Verlag 2007, S. 59 ff

76 M 1 Fischer, Birgit.: Seniorenwirtschaft in Nordrhein-Westfalen. Bericht der Ministerin für Gesundheit, Soziales, Frauen und Familie des Landes Nordrhein-Westfalen, Gelsenkirchen, 2003, S. 5

81 M 3 Stanislaus Wachowiak: Die Polen Rheinland-Westfalen, 1916, S. 11–13

90 M 1 Büro für Kommunal- und Regionalplanung Essen: Stadtentwicklungsprozess Essen Perspektive 2015+, 2006, S. 6

92 M 1 Bernhard Butzin, Martin Franz, Hans-Peter Noll: Strukturwandel im Ruhrgebiet unter Schrumpfungsbedingungen. Patchwork-Management als Herausforderung. In: Zeitschrift für Wirtschaftsgeographie 3–4/2006, S. 258–276

98 M 1 Bergschäden: Zwei Garagen versunken. 3.1.2000. www.spiegel.de

108 M 1 Günter Ermlich: Ikone der Industriekultur – Zeche Zollverein. Taz 14.3 2009

114 aus Andreas Keil: Industriebrachen. Dortmund: Dortmunder Vertrieb für Bau- und Planungsliteratur, 2002

116 Akademie für Raumforschung und Landesplanung: Handwörterbuch der Raumordnung. Hannover: Akademie für Raumforschung und Landesplanung, 2005, S. 462

121 Norbert Lammert in Westfälische Rundschau, 19.12.2007

121 Matthias Korfmann: Lässt das Ruhrgebiet seine Chancen links liegen? www.derwesten.de/region/rhein_ruhr/laesst-das-ruhrgebiet-seine-chancen-links-liegen-id11213948.html

Abbildungsverzeichnis

Bildnachweis

Ackerhelden GmbH, Essen: 43 M5;
Amt für Geoinformation, Kataster und Vermessung, Essen, 2006: 90 M2;
Astrofoto, Sörth: 111;
Barajas, Benito, Dortmund: 40 M3;
Blossey, Hans, Essen/Technoligiepark Dortmund: 35 M3
Castrop-Rauxel, Bereich Vermessung und Geoinformation: 103 M2 re.;
ddp, Berlin: 53 M2 (Karl-Heinz Mielke);
duisport/Blossey: 57 M2; 58 M2
duisport/Felden: 55 M5;
ECE Limbecker Platz, Essen: 94 M1;
ELMOS Semiconductor AG, Dortmund: 35 M2;
Emschergenossenschaft, Essen: 100 M2, 100 M3, 100 M4;
EnergieAgentur.NRW, Düsseldorf: 93 M4;
FC Schalke 04: 26 M1;
Hoppe, Wilfried, Duisburg: 67 M1, 69 M2, 3, 71 M3, 89 M2, 3, 4
HWG eG Hattingen: 77 M4;
Landschaftspark Duisburg-Nord: 113 M3, 114 M1;
LEG NRW, Düsseldorf: 87 M3 (Max Hampel);
Lokomotiv/Thomas Willemsen, Stadtlohn: 79;
Lueger, Ralph, Essen: 59, 71 M3, 97;
Luftbild Hans Blossey, Hamm: 88 M1;
LWL-Industriemuseum, Dortmund: 85 M3 (Annette Hudemann);
mauritius images Gmbh, Mittenwald: 50 M2 (imagebroker/Jochen Tack);
Neubauer, Oskar C., Iserlohn: 87 M2;
picture-alliance/dpa, Frankfurt/M.: 98 M2 (Gero Breloer);
RAG Deutsche Steinkohle AG: 45 M7;
RUHR.2010/Manfred Vollmer: 108 M2, 113 M4;
RUHR.2010/Peter Wieler: 5;
RUHR.2010/Schacht, Essen: 47;
RVR, Essen: 6 M3, 7 M5, 8 M1 (Ziese), 16 M2 (Bildflugdatum ca. 1926), 18 M1 (Ehrich), 98 M3, 102 M3, 105 M2, 105 M3, 110 M1, 120 M1;
Schulte-Derne, Friedrich, Essen: 83 M3;
Schweiss, Markus/wikipedia.org: 9 M3;
Stadt Bottrup: 102 M2, 109 M4;
Stadt Castrop-Rauxel, Bereich Rats- und Öffentlichkeitsarbeit: 107 M2 li.;
Stadt Duisburg: 12 M1; 70 M1
Stadt Duisburg, Referat für Kommunikation: 85 M2;
STARLIGHT EXPRESS GmbH, Bochum: 40 M2 (Jens Hauer);
Stiftung Industriedenkmalpflege und Geschichtskultur, Dortmund: 106 M1;
TechnologieZentrumDortmund GmbH: 27 (Schumacher);
ThyssenKrupp, Düsseldorf: 32 M1, 33 M5;
Verkehrsverbund Rhein-Ruhr: 51 M4;
Vollmer, Manfred, Duisburg: 113 M5;
WDR Köln: 6 M2;
Wehling, Hans-Werner, Essen: 80 M1;
wikipedia.org: 28 M1 (Dietmar Rabich, rabich.de), 43 M3 (Petra Klawikowski) , 67 M2 (Rainer Halama), 91 M3 (Tuxyso), 91 M3 (Frank Vincentz), 94 M2, 95 M3 (Eurext), 100 M2 (Slick);
Woidich, Hannes, Dortmund: 95 M4;
Wordle.net: 7 M4, 6.